3A2 设计所作品集　　3A2 设计所 编

U0300599

3A2 STUDIO 2005-2015

中国建筑工业出版社

图书在版编目（CIP）数据

3A2设计所作品集／3A2设计所编. —北京：中国建筑工业出版社，2015.7
ISBN 978-7-112-18142-1

Ⅰ. ①3… Ⅱ. ①3… Ⅲ. ①建筑设计－作品集－中国－现代 Ⅳ. ①TU206

中国版本图书馆CIP数据核字（2015）第104267号

出 品 人：3A2 STUDIO
策　　 划：3A2 STUDIO
项目统筹：叶依谦　刘卫纲　段　伟　陈震宇　薛　军
项目执行：孙　梦
平面设计：3A2 STUDIO
封面设计：王　爽
摄　　 影：杨超英

责任编辑：张伯熙
责任校对：张　颖　赵　颖

3A2设计所作品集
3A2设计所 编
3A2 STUDIO　2005–2015
＊
中国建筑工业出版社出版、发行（北京西郊百万庄）
各地新华书店、建筑书店经销
3A2设计所制版
北京顺诚彩色印刷有限公司印刷
＊
开本：787×1092毫米　1/12　印张：24⅓　字数：350千字
2015年6月第一版　　2015年6月第一次印刷
定价：**388.00**元
ISBN 978-7-112-18142-1
　　（27343）

序

改革开放以来，中国城市建设的庞大市场需求，造就了每个大城市中的设计公司如雨后春笋般地成立和发展起来。然而，市场发展的初期，必定是鱼龙混杂的，对于建筑设计这样的行业，本身就需要依靠长期的技术和人才储备才能应对城市的迅猛发展。所以，造就一个优秀的建筑设计团队并不是一件容易之事。

北京市建筑设计研究院有限公司（BIAD）在十二年前即开始探索在公司内部创造性地建立独立营销的工作室模式，既提供强大的设计品牌的平台支持，又发挥骨干设计人才的积极性。3A2 STUDIO 成立于2005 年，是 BIAD 改革中较早涌现出的新设计团队之一。在十年的时间里，这个团队由建筑工作室发展为设计所，完成了一批高品质的设计项目，同时也培养了一批建筑师人才。很高兴现在看到他们这十年工作成果的结集。

十几年来，BIAD 始终秉承"建筑服务社会"的企业宗旨。3A2 STUDIO 的工作理念和作品很好地体现了对这个宗旨的贯彻。"建筑服务社会"的内涵，首先是"服务"的态度，只有深切地认同这个态度，才能避免流于口号。同时，服务的能力是必不可少的，能力是建立在团队建设、经验积累及不断的思考的基础上的。在这两个方面，3A2 STUDIO 不但保持着真诚的态度，而且取得了可喜的成绩。

从这个专辑，可以看出 3A2 STUDIO 的设计领域主要是办公建筑、研发建筑、教育建筑及园区的规划与建筑设计等。在 BIAD 及业内，他们在这些类型领域积累了很好的口碑，也具有了比较大的优势。我想，他们取得这样的成绩，和其十年来一贯践行的理性设计思维及务实、细致的工作作风是分不开的，这也正契合了这些建筑类型本质性的需求。

为了达到"建筑服务社会"的宗旨，提供高品质的建筑作品是 BIAD 坚持倡导的。因为建筑产品的规模及复杂性，真正做起来非常困难，而且逞一己之力是达不到的。每一个高品质的建筑产品的后面都是一个优秀的团队，3A2 STUDIO 这十年的建筑产品表达出一种相对优秀的品质，而且非常稳定，这是难能可贵的。这得益于 3A2 STUDIO 作为项目主持团队的能力，也来自于公司内相关技术合作团队的勉力工作。我希望公司内这样良性、有机的合作和互动能成为主流。

3A2 STUDIO 成立时，建筑师们还都很年轻，这个专辑记载了他们十年年轻的生命，有热情、有思索、有投入。希望在未来的十年、二十年甚至更远，还能看到他们的工作成果结集，看到他们的成熟和成长。让我们一起以建筑师这个崇高的职业为载体，在为社会的勤勉服务中，让生命得到升华。

朱小地

（北京市建筑设计研究院有限公司董事长、总建筑师）

3A2 STUDIO 十年
——代前言

我们是谁

3A2 STUDIO 成立于 2005 年，是北京市建筑设计研究院（BIAD）推出工作室模式改革的首批实践者。成立之初，由来自原设计部门的不到十位建筑师组成工作室基本班底，经过十年的时间，目前已经发展成为 40 人规模的公司直属设计所。

我们的理念

3A2 STUDIO 成立这十年，恰逢中国经济高速发展的阶段，国内建筑设计市场空前繁荣，新作品、新理论、新建筑师如雨后春笋般涌现，各种建筑现象纷繁复杂，让人目不暇接。这十年面对众多的竞争和机遇，我们表现出的更多是从容和淡定，以成熟建筑师的心态去服务每一个业主。这十年我们以"匠心"雕琢我们的每一个作品，我们相信建筑内在品质的优秀是令使用者愉悦的本源，好的功能组织、比例尺度、细节构造、色彩关系等都是对建筑最基本的要求。这十年我们前行在一条艰难的路上，在这条路上我们甘于寂寞，不盲目迎合，凡事从细微处开始总结和积累，力求使我们的设计工作更加专业。回望这十年我们单纯而朴实的选择，脚踏实地、拒绝浮躁的"用心设计"是我们的一贯态度。

进入信息时代以来，我们的生活正在被互联网重新定义。作为社会物质载体的建筑，也不可避免地面临着变化。但是，建筑作为人们生活的庇护所这一大前提依然存在，建筑设计的服务对象仍旧是具体的人。因此，人性化的建筑设计始终是我们的核心理念。

我们的工作内容

自 3A2 STUDIO 成立以来，受客观环境的影响，同时也有主动选择的成分，我们承接的设计项目以科研、教育、办公等具有一定技术含量、自用型的公共建筑类型为主。

强调技术性，是建筑产业化、生态化发展进程的必然结果。目前国内建筑行业的综合技术水平同国际相比，依然有不小的差距。提升建筑设计环节的技术水平，是我们这一代从业建筑师所应担负的责任。

与建筑的产业化属性同时存在的，是建筑永远是"此时、此地"建筑的专属化属性。所谓自用型的公共建筑，是相对开发性的商业建筑和社会性的公共建筑而言更偏于"个性定制"的公共建筑。我们认为，与使用者的充分交流是做好建筑设计的基础。

我们的工作方式

当今时代，建筑设计的专业性、系统性、复杂性程度，早已不是传统概念中以个体建筑师为核心的、手工作坊式的工作模式所能应对的。在建筑设计市场日益细分，对专业程度要求越来越高的大环境中，专业化、团队式的建筑设计机构是必然的发展趋势。

BIAD 本身即以团队工作见长，但是沿袭多年的带有计划经济色彩的多专业"综合所"体系，已愈发显露出其结构性的不足。因此，3A2 STUDIO 自组建伊始，即按照国际标准的建筑师事务所模式进行团队建设和业务规划：我们自我定位为全建筑师团队，承接自城市设计、建筑设计到室内设计、景观设计等的全过程设计咨询工作。

我们的工作架构采用以项目为单位的组织方式——根据具体项目情况组成动态项目设计团队，有别于传统的划分固定行政单元的管理模式。每个项目设计团队成员随着项目进程灵活调整，从而在很大程度上提高了工作效率。

　　建筑的设计和建造是个复杂的系统工程，其中，建筑师不仅自身的专业水准应当满足要求，同时也要具有必要的合作、协调、统筹能力。在实践中，我们越来越多地承担着"设计总包方"的责任。借助于信息技术的高速发展，网络化的协同工作平台愈发显示出优势。对新数字科技手段（如BIM技术）的迅速接受和掌握，已经成为我们团队建设的重要内容之一。

叶依谦　刘卫纲

解决建筑乱象呼唤建筑正本清源
——读 3A2 设计所作品集

2014 年 10 月，我在住房和城乡建设部领导召集的座谈会上提出，解决当前的建筑乱象急需做好两件事儿：

一是尽快建立《建筑师法》，对建筑活动中的一切不法现象亮"红牌"；

二是从理论和舆论上为建筑"正本清源"，消除社会舆论和行业内对建筑的误解。

前者是一个大大的专题项目，欣闻《院士建议》有了这项内容；而后者则是范围广泛、为时漫长的建筑文化活动，却不知从哪里着手。

看到《3A2 设计所作品集》，使我心中一动：这是一个解决建筑基本问题的作品集，它的目标指向建筑的核心问题，"适用、经济、美观"等要素的三位一体或多位一体建筑，而且直指当今社会所急需的"可持续发展"问题，这些年轻的建筑人，是一批在建筑本体上做功课的人，尽管目前走在半路上，却不失为当今建筑"正本清源"的切入路径之一。

改革开放，让我们赶上了大约从 20 世纪 70 年代开始的国际修正现代建筑运动的浪潮，这个浪潮，一方面质疑战后建设对环境的破坏，另一方面批判现代建筑缺乏"人情味"。一些高举义旗的先锋建筑师们，曾以"后现代主义"的名义，先是用游戏式的"古典风"，继而用散架式的"解构风"批判现代建筑运动。大约在我国加入 WTO 前后，又有一些"后解构风"的建筑师明星，以"创新"的名义，在中国进行他们的各种"实验"。

这些明星作品的共同点是，用让人惊诧的建筑外形，博取业主、媒体、大众的关注。久而久之，他们那种对建筑的适用、结构、经济、地域等基本建筑要素不管不顾的态度，他们那专注新奇建筑外观的商业炒作，给社会造成了许多不良后果：一、搅乱了社会对建筑本质的认识；二、错以为建筑形式似乎是可以任意拿捏的娱乐玩意儿；三、好像建筑可以对当今全球急需解决的可持续发展问题置身度外；四、社会上久吹不息"古典风"或"欧陆风"（欧洲的地方风格）的拙劣模仿，大大扭曲或损伤了建筑师的创新能力……

在 3A2 STUDIO 年轻建筑人的作品里，看不到这些明显不良的影响，甚至可以说，他们在遵循建筑学科的基本原理，老老实实地解决建筑本体所提出的问题，在抵制这些不良影响。

他们的作品多是科技研发、专项实验、专业教学以及与之相配套的附属建筑。这就注定他们的业主或主管领导，不至于提出对建筑形式"奇奇怪怪"的要求，从而建筑师还能够专注对建筑研发能力和实验能力的攻坚，他们面对的是，既复杂有时又是十分陌生的技术课题。这些技术性课题，往往就是建筑生命的活力所在。

3A2 STUDIO 的项目多数规模较大，建设过程和运营的成本也会较高，建筑师还必须直面建筑物的可持续发展问题。"可持续发展"这个课题，在我国提出大概有二十年了，至今好像还是一个口号。我们多见的是设计师被动执行政府或行业的某些规定，少见的是从建筑的本体入手，从整体规划到细部设计的探新手段。3A2 STUDIO 的一些建筑设计，在群体布局里注重生态设计，采取措施确保群体中自然通风和采光的真正实施；在低碳设计策略上，采取"被动优先，主动优化"的原则，并注重技术的"适用经济性"；在实施细节上，更是同时采用雨水回收利用，热量回收利用，太阳能利用与垃圾处理等一些"适宜技术"，技术举措的"适用经济性"和采用"适宜技术"，也是当今中国贯彻建筑可持续发展策略适应国情的原则。我们还应该注意到，设计中建筑信息模型的运用，也为建筑的可持续发展创造了有利的条件。

3A2 STUDIO 作品的建筑形式，没有媒体上的那种"热闹"可看，但是可以看到这些年轻人专注建筑设计本质的专业"功力"。首先，他们非常节制地使用"玻璃幕墙"。玻璃幕墙建筑虽然是令人敬仰的建筑大师密斯·凡德罗的建筑创新，但是，玻璃商和空调商合伙，把它逐渐弄成了只管自己赚钱不管人类环境的建筑"诗歌"。20 世纪 70 年代西方"能源危机"之际，商人把这个陷入不景气的祸水商品，引入刚打开大门的中国，随即在中国的东西南北中，遍地开花。

玻璃幕墙还有一个"方便"，它像一件长袍或被单，把整个人体蒙住，无需再根据人体做服装设计的细节设计。这样，在建筑设计中就可以免去建筑立面的纵横分段、门窗开洞、材料肌理和色彩调配等基本设计工作。而在 3A2 STUDIO 的作品中，展现了建筑立面设计的魅力，如建筑体量虚实相间，讲究比例，合乎尺度，门窗开洞中规中矩，材料搭配合理生动。也许人们会说，这是多么老套的手法！但是，这是建筑设计的根本，它承载着人类的基本生活和美学本源，它是满足建筑采光、通风、愉悦身心的基本方法，没了它，建筑少了生命之源——大自然所赐的阳光、空气，在建筑中也少了许多看头，更要花费大量资源。

3A2 STUDIO 的作品中，也没能完全脱俗，"欧陆风"也吹到了他们，虽然项目不多。在当今建筑设计市场上，领导和业主已经成了建筑师的主要设计"导师"，这是一件无可奈何的事儿，所以才期待未来的《建筑师法》，能为建筑师的创作过程和成果做主。不过，给业主一个什么样的"古典风"或"欧陆风"，倒是咱们建筑师应当看重的事儿。

我们是专业人士，做古典风的东西，起码要达到 19 世纪和 20 世纪"新古典主义"的水准——在净化中保持古典建筑的基本法度。本书有个别作品，同一建筑里各种拱的形象毫无关系，拱的尺度矛盾，拱和壁柱之间有冲突，这很容易让人觉得是模仿"后现代风"，对古典要素的玩弄与调侃。

本书中没有奇奇怪怪的建筑，我喜欢；即便有，我也可能喜欢，要看建筑怎么个奇怪法。我一贯主张，"造型"慎言"创新"，但是，也不宜把形状奇怪的建筑一刀切掉。形式并不怕怪，要怪得有理，怪得可爱，怪得有科技进步，怪得可以解决社会或个人给建筑师提出的新的生活课题，而不是像当今社会上的某些建筑那样，迁就了社会不良文化的沉渣再泛起。

信息社会给人们带来了新的生活，也会因为塑造新生活带来新的建筑形式。题目虽大，却要从小处着手，坚持下去，必见成果。期待着 3A2 STUDIO 年轻的建筑人的作品续集。

邹德侬

（天津大学建筑学院教授）

北京低碳能源研究所及神华技术创新基地

2009 － 2014

北京市昌平区

北京低碳能源研究所及神华技术创新基地

2009 － 2014

北京市昌平区

总平面图

0 50 100

北京低碳能源研究所及神华技术创新基地项目位于北京市昌平区未来科技城，是整个园区第一个开工建设并投入使用的项目。

本项目总规划用地面积 41.65 公顷，总建筑面积 325354 平方米。按照"一次规划，分期建设"的思路实施，一期已经建成科研 1 号楼及 D1 号研究单元（101）、D1 号实验车间（104）、专家楼（108）、科研 3 号楼（301）、教学楼（302）、职工健身楼（303）、神华展厅（304）、职工集体宿舍及配套（305）、科研 2 号楼及图书档案馆（201）、S1/S2 研究单元（202）、后勤楼（306）、动力中心（401）共 11 个子项工程，初步形成了完整的科研园区体系。

在规划层面以"一轴两翼"为构思，以位于场地中央的神华学院形成空间轴线，以低碳能源研究所和神华研究院为两翼，共同形成园区的骨架结构；在建筑设计层面，以"林海浮岛"为主要设计意象，打造以"林海"为特征的纯自然园林景观和以"浮岛"为建筑的外部空间意象。

本项目在充分了解使用方需求的基础上，通过技术整合与前瞻性研究，为业主提供了高品质的先进研发空间，其中 101 子项作为通用化工类研发实验平台，在功能布局、实验工艺条件配置、安全与环保性方面均达到了国际先进水平；104 子项作为化工类重型实验室，其空间尺度与实验工艺配置条件可满足由实验室研究规模向中试规模的转化需求；201、202 子项作为通用研发建筑，其建筑空间布局、信息化程度、数据交换与存储等功能配置满足了神华研究院的研发要求。

本项目在节能环保、绿色生态、人文关怀与内部交流空间等方面着重设计，提升了整个园区的环境品质。

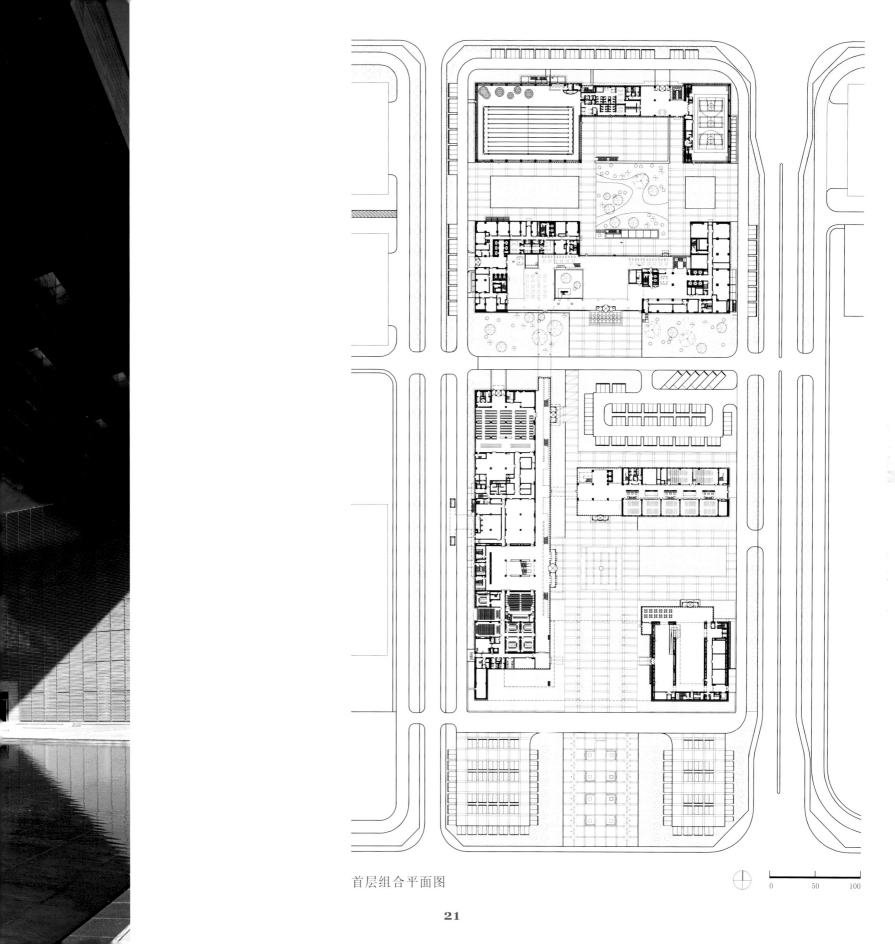

首层组合平面图

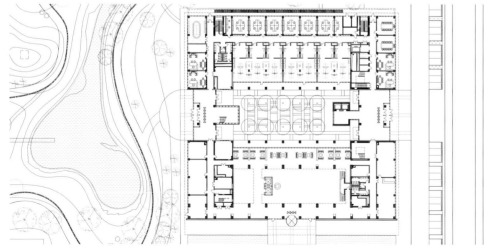

首层平面图

标准层平面图

0   25   50

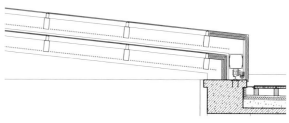

屋面滑动天窗节点图

0　　1　　2

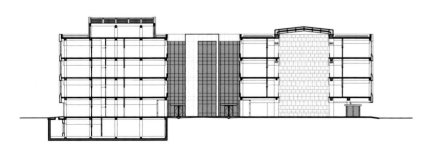
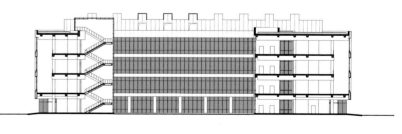

立剖面图

0 25 50

国电新能源技术研究院

2009 — 2013
北京市昌平区

国电新能源技术研究院

2009 — 2013
北京市昌平区

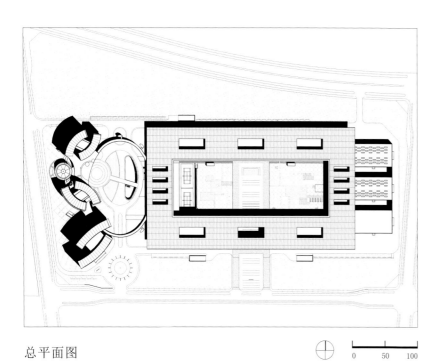

总平面图

0　　50　　100

国电新能源技术研究院位于北京市昌平区未来科技城北区，园区总用地面积 14.19 公顷，总建筑面积 243100 平方米。

项目建设内容包括：研发楼、中试实验室、科研楼、培训楼、会议中心、职工餐厅、职工健身中心、地下停车场和机电设备用房等。整个园区按照功能布局分为东、西两个区域，东侧为研发单元区，西侧为配套附属设施区。

研发单元建筑群高低错落，围合成了一个矩形景观庭院，营造了安静内向的室外环境。研发单元朝向内院一侧为实验人员的数据处理区，同层朝向外侧为实验研发区。八个单元通过企业自己生产的太阳能光伏电池板将整个建筑屋顶统一起来，既达到了提供清洁能源的可持续发展目的，也丰富了建筑群的整体形象。园区西侧布置了三座弧线母题的科研楼，曲线的布置与西侧温榆河景观遥相呼应。围合成的田园式景观庭院，营造出轻松自由的环境氛围，并与东侧研发区域矩形庭院相互连通，互相渗透，丰富了景观层次。

作为新能源的研发试点工程，园区采用全方位的生态节能技术，建筑整体达到住房和城乡建设部绿色建筑的设计要求。其中，光伏发电是业主一个非常有特色的技术领域，希望在建筑设计里能够体现。结合这样的要求，建筑设计将三万平方米太阳能光伏电池板作为覆盖所有研发单元的屋盖，引入到整体建筑造型设计当中，使洁净能源的使用真正成为园区的主题并发挥实际作用，同时也突出了企业自身的特色和技术优势。

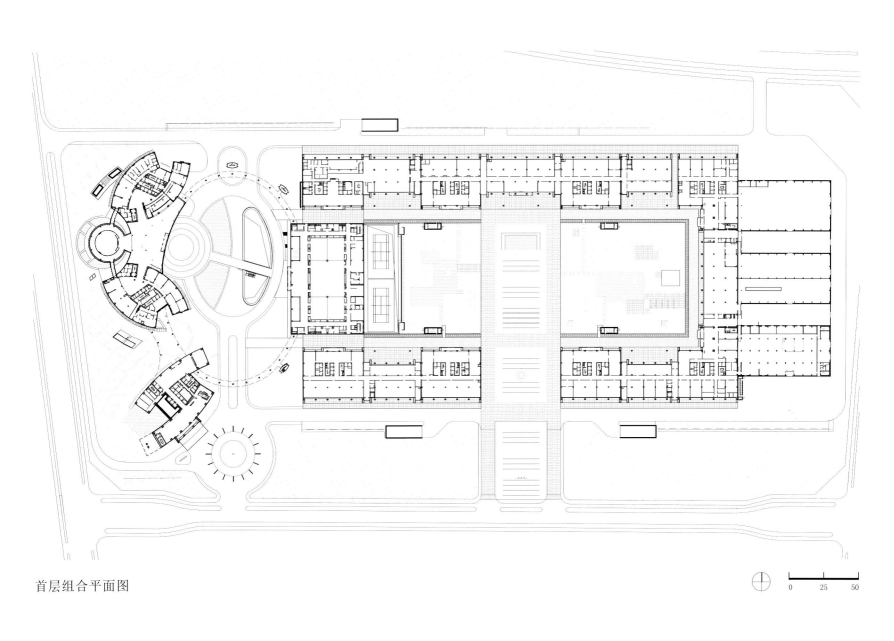

首层组合平面图

0　25　50

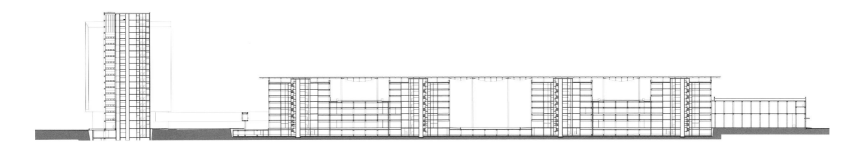

组合剖面图

0　25　50

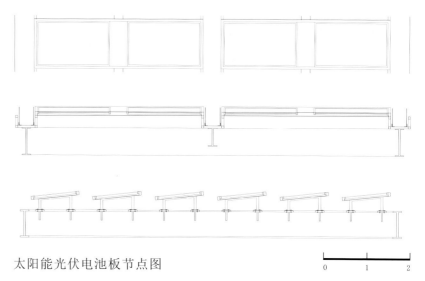

太阳能光伏电池板节点图

中国船舶工业集团公司船舶系统工程部永丰
基地

2007 － 2010
北京市海淀区

中国船舶工业集团公司船舶系统工程部永丰基地

2007 — 2010

北京市海淀区

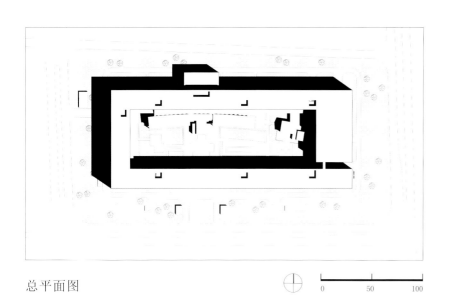

总平面图

0　　　　50　　　　100

中国船舶工业集团公司船舶系统工程部永丰基地项目位于北京市海淀区中关村永丰产业基地内，紧邻西山，环境优美。用地南临丰贤东路，北临丰德东路，东临永泽北路，西临永嘉北路。

本项目用地面积约 4.59 公顷，总建筑面积 64225 平方米，由地下和地上两部分组成，其中地上总建筑面积 50443 平方米，地下总建筑面积 13782 平方米。项目用于科研办公、计算机模拟环境实验的研发。

设计顺应永丰基地规划格局，采用回字形院落式布局，对外形成整体的建筑形象，对内形成宜人、内敛、私密的空间环境。弧形会议区和小餐厅等小品式建筑点缀于内院中，加之坡屋顶、瓦屋面、拱廊等元素的运用使得建筑的空间层次进一步丰富。

外部景观设计以连续统一的微地形草地为主要元素，塑造出理性、简洁、城市化的景观风格；内部庭院则采用了自然的景观设计手法，树木、草地、喷泉以及木质的平台构成了内向、安静、质朴的场所空间。另外开敞式屋顶花园的营造，也丰富了景观体系的层次。

在生态设计方面，采用院落式的平面布局，形成良好的采光、通风条件；同时，还采用了雨水回收利用、太阳能利用、热回收利用等多种适宜的节能技术。

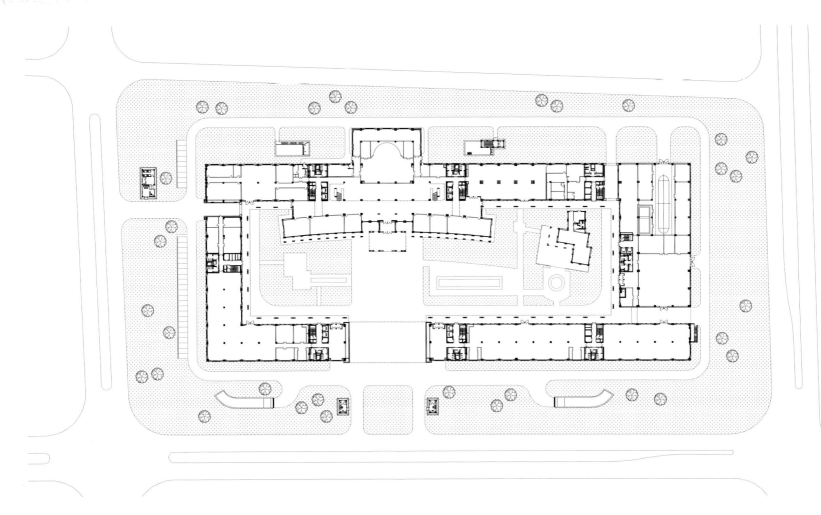

首层平面图

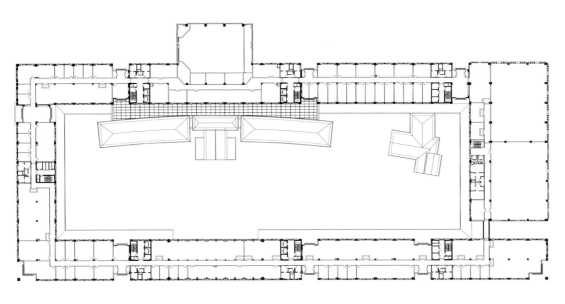

三层平面图

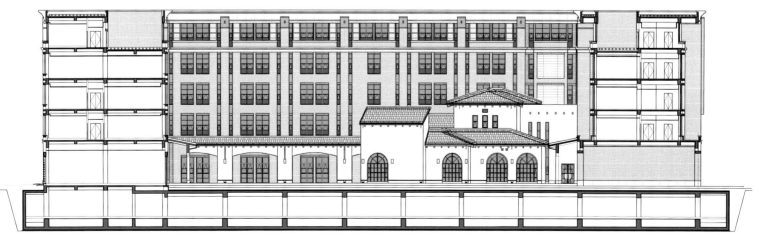

剖面图

中海油能源技术开发研究院

2011 － 2014
北京市昌平区

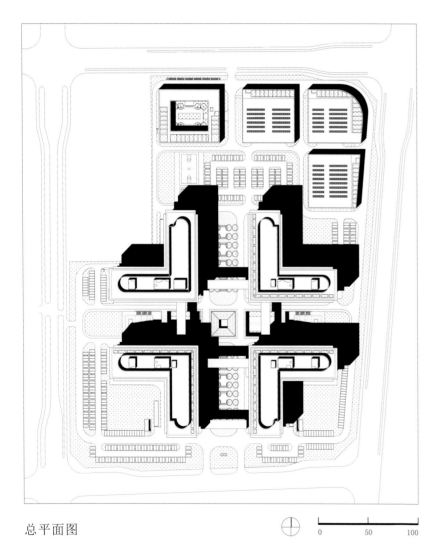

总平面图

0　　50　　100

中海油能源技术开发研究院位于北京市昌平区未来科技城南区，建设用地面积 9.64 公顷，总建筑面积 207920 平方米。本项目建设内容由研发主楼、实验楼、大空间实验室、配套用房和机电设备用房等组成，共 8 个单体建筑。

建筑造型从海上钻井平台抽象出柱、桥、平台等元素，烘托了企业的研发主题。建筑平面功能整合多元功能要求，实验和科研办公部分采用垂直分区的功能组织形式。将标准实验室、研究办公室两部分功能分别垂直分布于建筑上下，设置 5.4 米和 4.5 米的层高满足其使用需求，在满足研发空间最大限度灵活性的前提下，实现高效、便捷的功能使用。在平面组织上，将 L 形平面实验区一侧的核心筒偏置，形成连续大进深空间，便于实验室湿区灵活使用。另一侧作为干区，可以进行实验数据实时分析处理。

主体建筑所围合出的十字形景观轴构成了整个场地的空间骨架，形成了聚集效应的场所环境，成为整个园区的空间交往中心。结合东西向下沉庭院，将配套的就餐、健身、会议、展厅等功能设置其两侧。四栋主楼间通过位于六层的室外观景平台、空中连桥相互连通，形成多层次的空间效果。建筑内部六层以上通高中庭，为使用者营造了舒适宜人的交往空间。

本项目用地相对比较紧张，通过立体布局、集约功能，达到了节约土地的目标。此外，在地下室较大范围内引入自然光，屋面上集中设置太阳能集热器、屋顶绿化。建筑外立面中利用穿孔铝板材料，进行建筑遮阳一体化设计，在塑造建筑形象的同时有效地改善了研发办公室内环境。通过完整的绿色节能设计策划，四栋主楼定位为美国 LEED 金级认证项目，两栋主楼设计成为住房和城乡建设部绿建三星级认证项目。

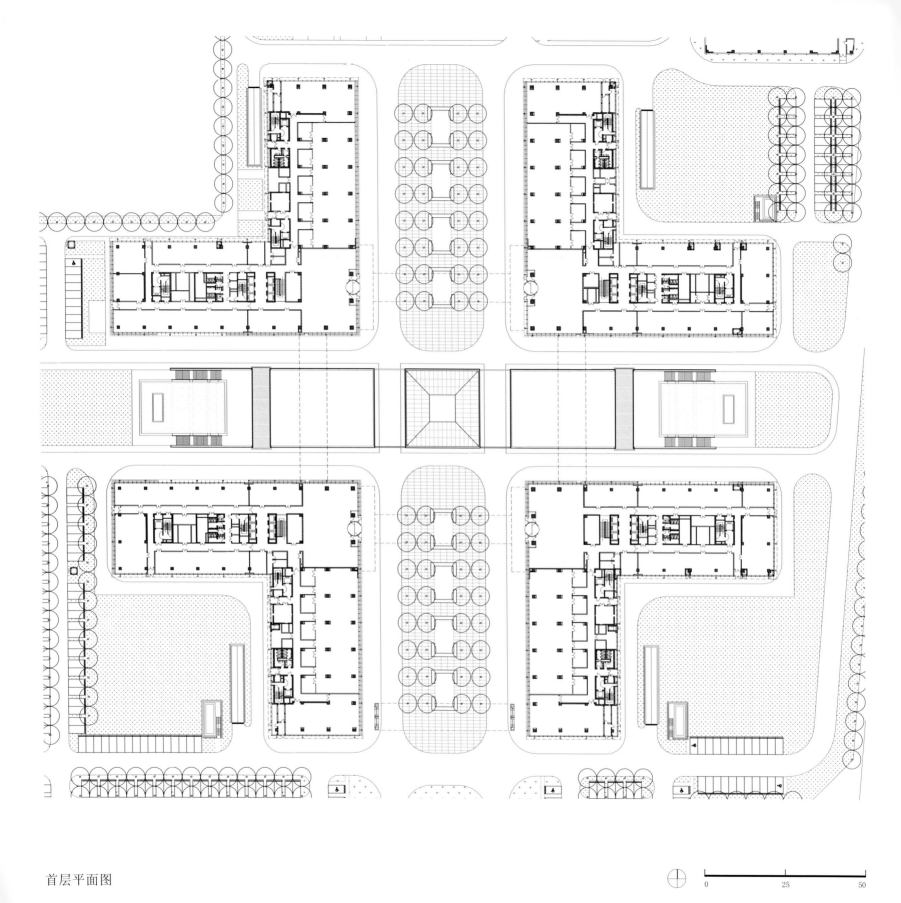

首层平面图

0   25   50

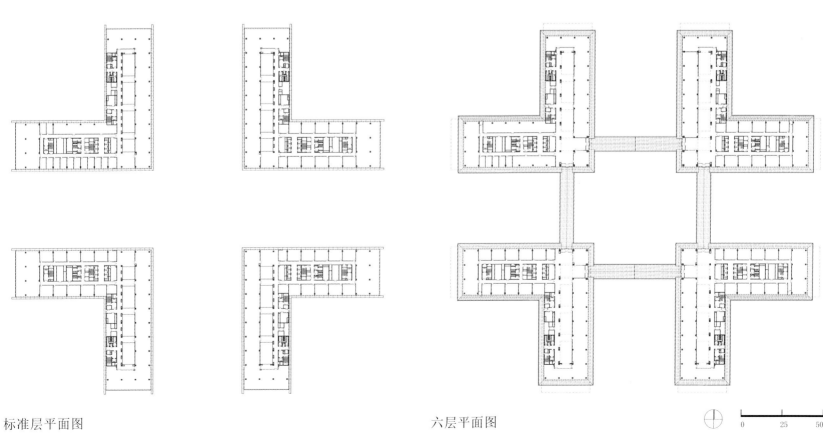

标准层平面图   六层平面图   0   25   50

63

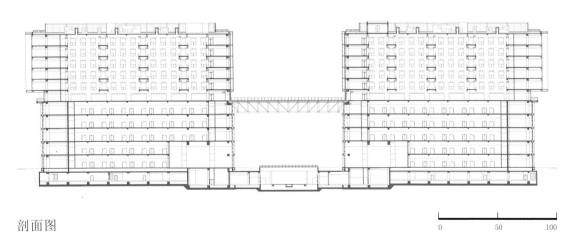

剖面图

```
0        50       100
```

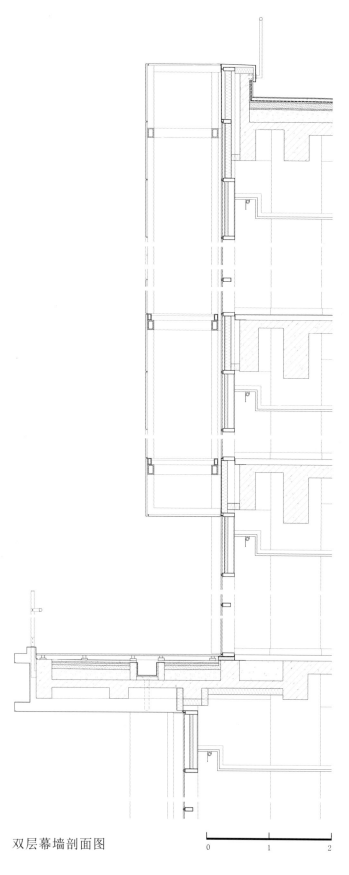

双层幕墙剖面图

0　　　　1　　　　2

北京民用飞机技术研究中心 101 号科研办公楼

2010 – 2011
北京市昌平区

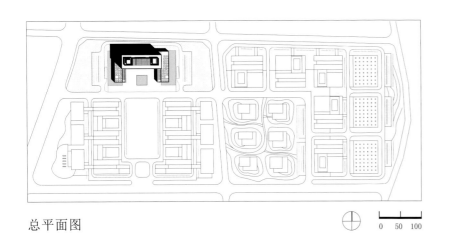

总平面图

0　50　100

北京民用飞机技术研究中心 101 号科研办公楼位于北京市昌平区未来科技城北区，北京民用飞机技术研究中心 A 地块内。整个园区顺应未来科技城的棋盘式布局，对外呈现严整庄重的形象面，对内形成宜人内敛的庭院空间。园区总用地面积 2.5 公顷，101 号办公楼总建筑面积 33712 平方米。

本项目地上 8 层，地下 1 层，建筑高度 36 米。地上部分为北京民用飞机技术研究中心的人员办公、会议交流、展厅、食堂等，地下部分为机动车停车库、机电用房和服务管理用房等。

本项目建筑形体严整、方正，呈中轴对称布局。高层塔楼部分呈一字形展开，保证主要办公用房良好的采光通风条件；裙房呈两翼形布局，构成主体的坚实基座，主要布置配套服务功能，裙房在内部通过两组垂直交通核与塔楼相连接，功能合理、交通便捷，充分体现了科研单位务实、高效的特征。建筑立面装饰材料主要采用红色陶土板和浅灰色金属构件相结合的形式，塑造富于变化的细部。整体风格庄重大方而富于现代气息。

建筑内部设有 8 层通高的室内中庭，中庭顶部为可滑动开启的大面积天窗（约 480 平方米），可将室外光引入室内；春秋两季均可打开天窗形成室外空间，营造更佳的自然通风效果。主要办公室均呈单廊模式环绕中庭布置，营造出舒适的办公环境，更为员工提供了一个高品质的交流空间。

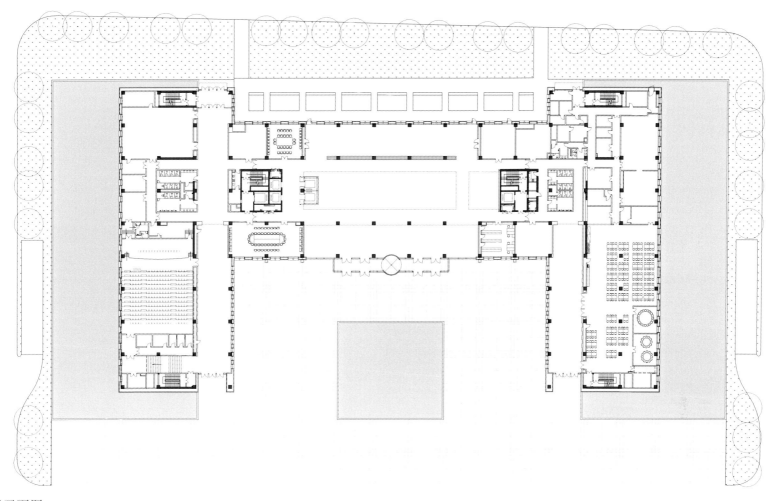

首层平面图

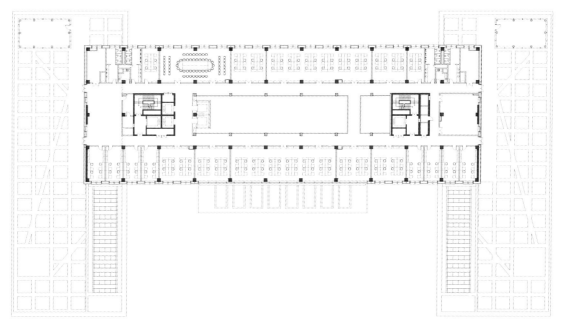

标准层平面图

0 10 20

71

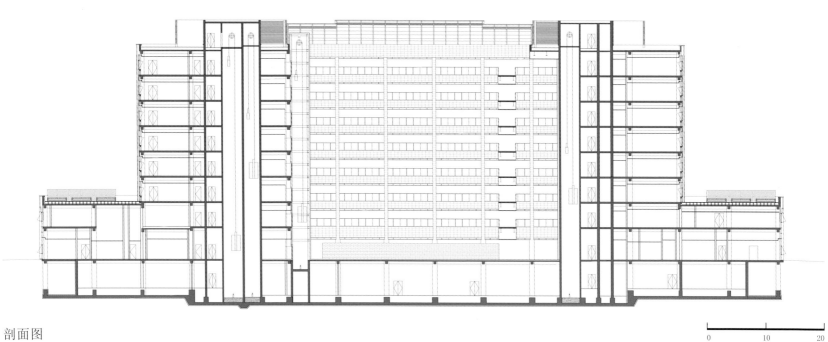

剖面图

0　　　10　　　20

中关村航空科技园二期

2013
北京市海淀区

中关村航空科技园二期

2013
北京市海淀区

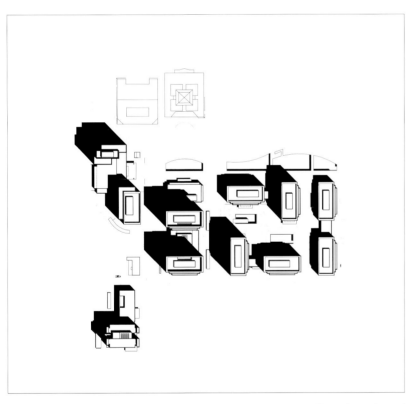

总平面图

0   50   100

中关村航空科技园位于北京市海淀区北三环西路，项目规划总用地约为17.25公顷，建设用地总面积为12.186公顷，总建筑面积71.4万平方米。地下4层，地上3层至23层，建筑高度15.3米至106米。

项目用地分为A、B、C、D、E五个地块。二期设计以中央公园设计概念为核心，梳理内部空间，将科研办公、研发用房、商业、酒店、会议等功能有机地融合在新的城市空间秩序中。二期设计的B、C、D、E四个地块依据地块功能和项目定位，B地块位于项目用地中部西侧，包括B1科研交流中心和B2科研设计楼；C地块位于项目用地南侧，包括C科研设计楼和裙房；D地块位于项目用地中部的中间，包括整个用地的标志性建筑D1和D2科研设计楼，以及D3科研设计楼；E地块设置六栋科研设计楼（E1、E2、E3、E4、E5、E6），它们两两相连，使建筑和外部空间既有开放呼应又有内外之分，在用地内部形成了相对安静的内部庭院空间。

单体建筑平面布局采用小进深式塔楼形式，强调实用性；建筑立面设计中采用石材、玻璃为主要幕墙体系，标准的窗单元处理，通过将通风和采光两种功能的分离，提升建筑的精致程度和完整性。

"被动优先，主动优化"为绿色生态设计的基本原则，本项目采用有效的主动减碳技术。主要有：优化建筑布局，主要单体建筑均采用南北向布置，充分利用自然采光通风条件；建筑外遮阳设计，建筑外立面的"深壁柱"手法，使遮阳设计简便而可行；建筑屋面采用双层通风架空屋面，局部采用绿化种植屋面。

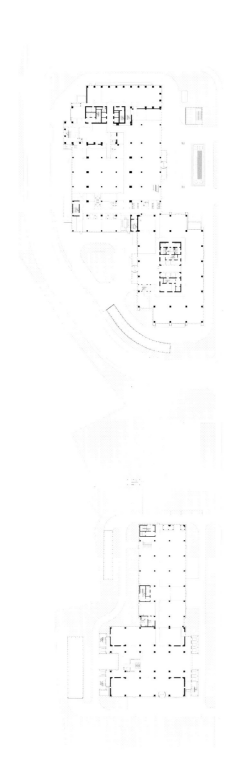

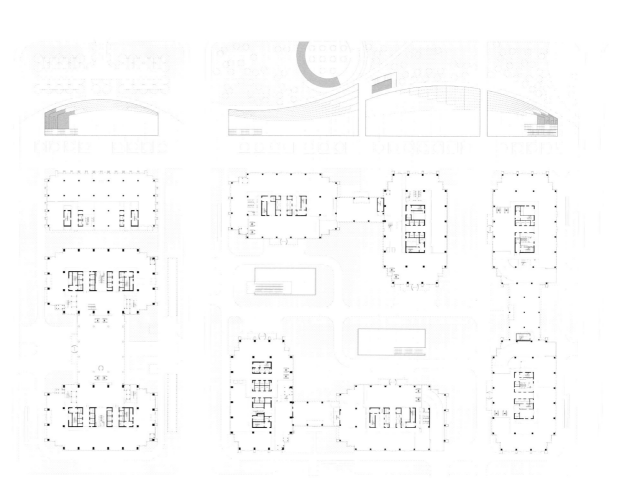

首层组合平面图

北航南区科技楼

2011 — 2014
北京市海淀区

北航南区科技楼

2011 － 2014
北京市海淀区

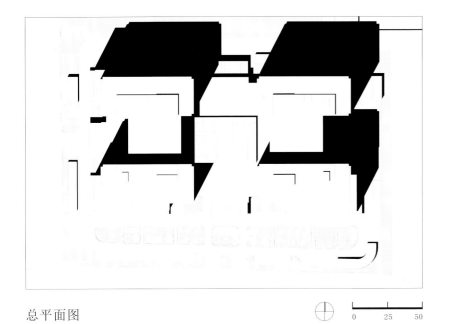

总平面图

北航南区科技楼位于北京市海淀区学院路 37 号（北京航空航天大学）院内，地处学院路和知春路的交角区域，东临学院国际大厦，西侧为坤讯大厦，北侧即为北航校园。本项目与先期建成的唯实大厦、首享大厦、北航新主楼共同组成了北航南区科技园。

本项目用地面积 2.24 公顷，建筑总体规模约为 22.5 万平方米，地上 24 层，地下 4 层，建筑高度 99 米。本项目为科研办公楼，主要功能包括大堂、展厅及配套服务用房、科研办公用房、职工餐厅、物业管理用房等。

本项目用地贴近城市道路和周边现状建筑，在满足退线及与周边建筑保持合理距离的前提下，总体布局采取南北平行布置方式，中轴对称，呼应城市关系。建筑主体为四栋 99 米板式高层，通过一南一北两座板式高层及中间连接体形成东西两个"工"字形体量，在规整中又富于变化。建筑外立面设计采用铝板、铝型材和玻璃组合体系，通过比例与细节推敲体现简洁现代的风格，具有科技感，符合业主作为国内一流理工科高校的形象气质。

本项目裙房为 3 层，其中部设有一个面积约为 1000 平方米的室内景观庭院，既是建筑内部公共空间的核心，也是建筑景观的核心，同时为高层建筑的使用者提供了放松身心的休闲空间。建筑南侧的保留树木巧妙地与建筑景观结合，为建筑增添了生机与情趣。

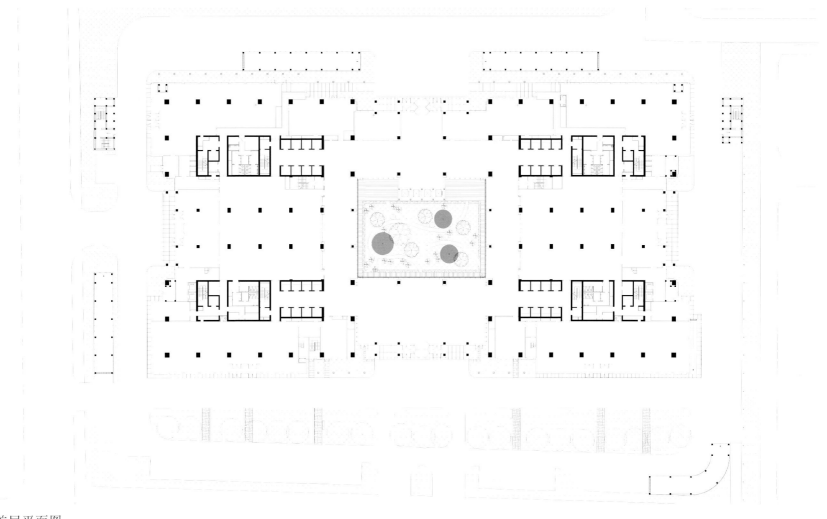

首层平面图

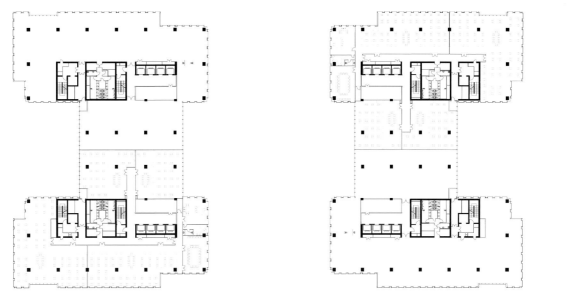

标准层平面图

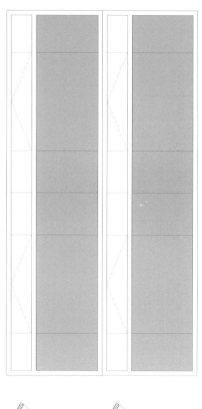

标准层幕墙立面图

0   0.5   1

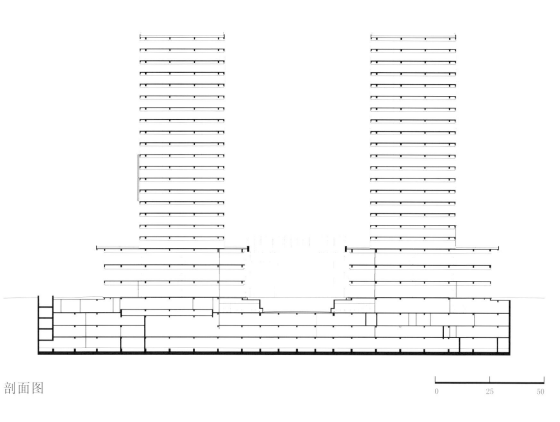

剖面图

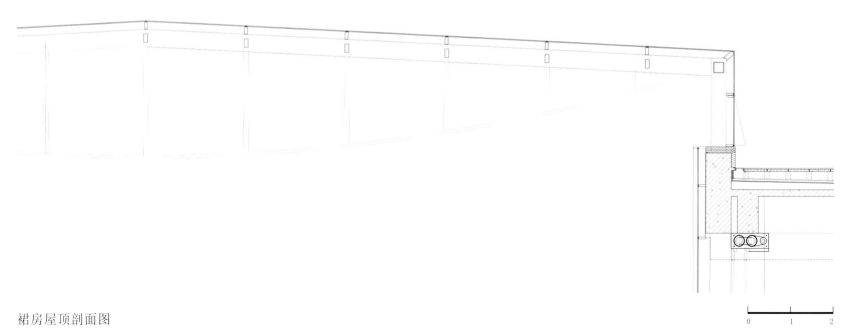

裙房屋顶剖面图

中关村环保科技园 J03 科技厂房

2007 — 2010

北京市海淀区

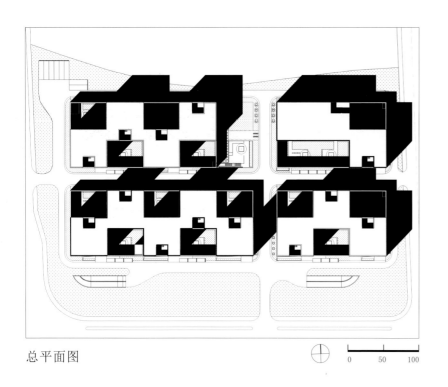

总平面图

0　　50　　100

　　中关村环保科技园 J03 科技厂房位于海淀北部新村中关村环保科技示范园内部，总用地面积 37300 平方米，总建筑面积 60892 平方米，其中地上 44760 平方米，地下 16132 平方米。建筑地上 5 层，地下 1 层，建筑高度 18 米。

　　本项目地上共分为 4 组相对独立的单体建筑群，每个单体建筑群由 2～5 栋数量不等的标准办公单元组成，每个办公单元设有独立的垂直交通、卫生间和机电设备用房，具有单独使用的条件。同时，也可将若干个办公单元联通使用。

　　建筑总体造型简洁。建筑立面以标准的窗单元形成肌理，外墙主体采用清水混凝土，局部搭配暗红色陶土砖和玻璃幕墙。

　　本项目由于规划限高，在层高仅为 3.5 米的条件下，通过采用空心楼板结构以及优化机电系统等多种措施，室内净高达到 2.7 米，取得了理想的室内空间效果。

　　本项目在优化建筑环境方面进行了诸多尝试，主要方式有：

　　1. 总体规划采用单元化与庭院相结合的方式，使每个办公单元均拥有一个独立的、与建筑基底面积相等的室外庭院，提高了办公单元的环境品质；2. 结合平面设计，每个研究单元均设有数量不等的室外平台和阳台，在丰富建筑立面的同时，进一步优化了办公空间环境；3. 结合地下的活动室等使用空间，设置下沉庭院，提高了地下空间的使用品质；4. 在场地中央部位设有中心绿地，并与地下庭院结合，进一步丰富了景观空间层次。

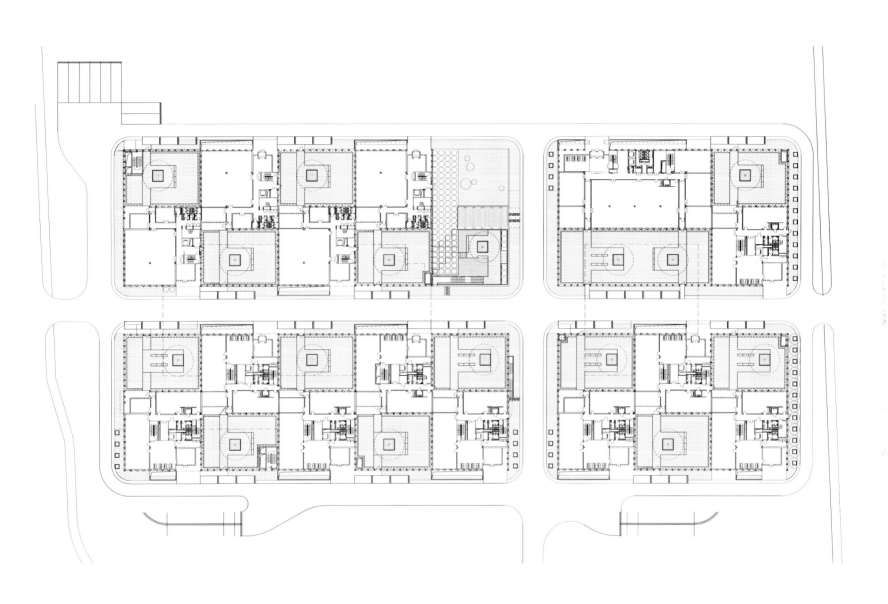

首层组合平面图

0 25 50

曹妃甸新区港口物流大厦

2011 －

河北省唐山市

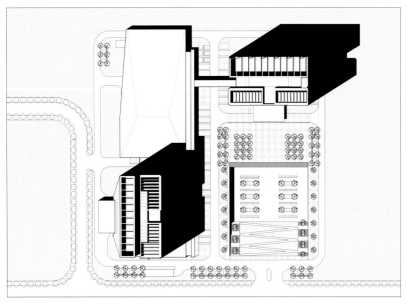

总平面图

曹妃甸新区港口物流大厦项目位于唐山市曹妃甸工业区南区，北侧紧邻纳潮河，南侧为南一道。

本项目规划用地 2.8 公顷，总建筑面积 12 万平方米，地上 9 万平方米为双塔布局，建筑高度分别为 112.5 米和 95.7 米。项目是集办公、展示、商务、餐饮、休闲娱乐、指挥中心、信息和金融中心功能为一体的办公综合体。

建筑以"海边的灯塔"为造型设计意象，建筑总体布局呈 L 形，塔楼之间无任何干扰和遮挡，对景观、日照资源利用达到最大化。每个塔楼形体均做构成处理，通过凹入的玻璃面将建筑形体划分为两个体量，朝向城市一侧为石材壁柱与玻璃组合的形式，相对比较稳重、结实，在正中部分采用纯玻璃幕墙处理，其内部空间为共享休息厅，实现建筑内部外部空间的高度统一；朝向纳潮河一侧为纯净的玻璃体形式，更加迎合海滨建筑的特点。

裙楼东立面采用石材柱廊形式，形成连续的商业界面；三层以上的多功能厅、体育馆、前厅部分的形体为一个有巨大出挑的异形体量，在纳潮河侧形成独特而突出的形象。

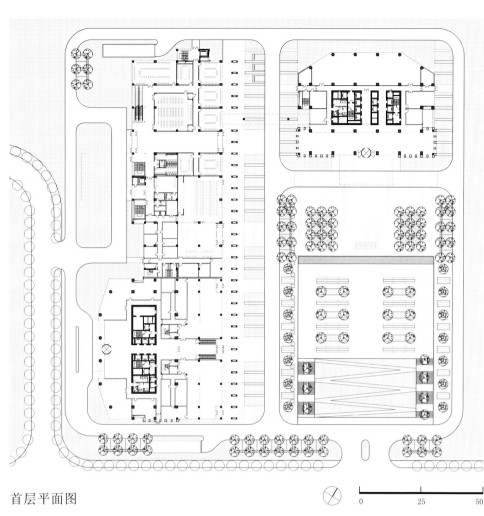

首层平面图

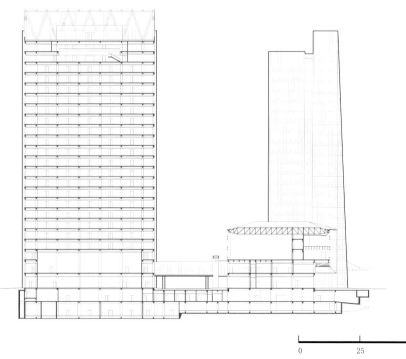

剖面图

0   25   50

107

天津海鸥工业园

2007 － 2010

天津市南开区

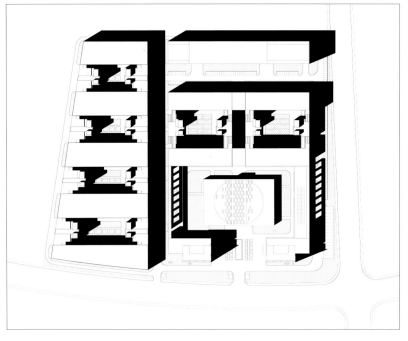

总平面图

0　25　50

天津海鸥表厂是国内制表行业的领军企业，近年来发展迅速，原有生产条件已无法满足企业的发展需要，故于2009年在天津空港加工区开工建设其新厂区——天津海鸥工业园。

本项目规划用地10.50万平方米，总建筑面积21.6万平方米，建筑高度42米。由办公用房、研发用房、精密类生产车间及配套服务用房组成。

因为制表工业的生产特点有别于一般的工业生产，其生产的诸多环节具有较高的创造性，且人员较为密集，对生产环境有较高要求，鉴于上述特点，本项目从设计初始就确定了以人为本，为生产者提供一个具有良好品质的室内外空间环境的原则。

项目在布局中打破了传统工业建筑"兵营式"的布局方式，以设置多个灵活自由的围合式、半围合式的室外庭院作为布局特点，主要的房间均有良好的自然通风和采光，可享受到不同大小和特点的"庭院"的自然景观。入口广场两边分别设置一栋办公用房，成为整个园区的形象标志。精密类生产车间及研发性质用房围绕中心庭院布置，尽量为其提供相对较为安静、优美的环境；配套服务用房设于中心庭院，方便为员工提供服务，其本身也成为了庭院内的景观中心。建筑的体量也有着丰富的变化，从高层厂房到单层厂房以及具有丰富空间的非生产建筑体量，组合成了一个具有多元特性的建筑群。建筑的立面设计更是突破工业建筑的传统，将大量民用建筑的立面语汇引入，玻璃幕墙、错格窗、构成格架等元素将整个工业园区塑造成了一个亲切、近人且具有现代气息的、环境优美的工业园区。在室内空间的营造上，力图做到合理、高效、近人，平面布局上生产空间与配套服务空间明确分区，使用方便且相互干扰较少。在多处设置了可供生产者休息、交流的公共空间，以提高室内环境品质，从而更有效地提高了生产效率。

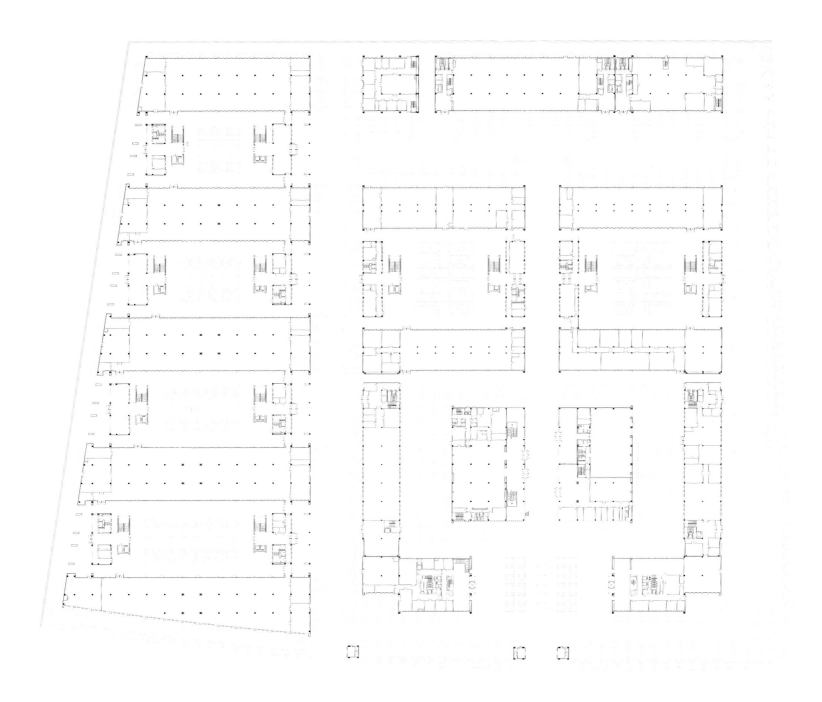

首层组合平面图

0　　　　25　　　　50

北航航空科学技术国家实验室项目沙河校区

2010

北京市海淀区

北航航空科学技术国家实验室项目位于北京航空航天大学沙河校区内，用地面积 10 公顷，总建筑面积为 20.57 万平方米。

本项目功能构成复杂，分为国家实验室和北航图书馆两个组成部分。其中国家重点实验室部分又划分为十个学科实验室，使用功能分为科研办公、通用实验室和专用实验室，其荷载、层高、跨度要求又不尽相同。面对这样一个场地紧张、建筑密度和容积率高、功能要求复杂的设计条件，本项目采取了分类整合设计要求，逐一分析问题并提出解决方法的设计策略。

从校园环境出发，呼应其主轴线空间布局方式，采取了"集中式、双轴线"的平面布局模式，成为校园轴线的底景建筑和核心空间，向心感强烈。将相同层高、荷载、使用需求的实验室进行分类整合，将相同使用性质和使用模式的功能空间进行分类整合，从而形成了功能集约又可以按部门划分的平面形式。外围是大空间的特殊实验室，中心为通用实验室及办公室，分区极为清晰简明。实验室布局将服务空间与被服务空间明确分区，使之具有最大的灵活性与可变性，集中式的整体布局模式，中心突出，具有强烈的可识别性。

作为功能至上的实验室建筑，方案设计将其使用人员的感受作为重点。通过围合型的内院空间、公共大堂营造开放公共空间，通过内部交流空间营造轻松的氛围和归属感。

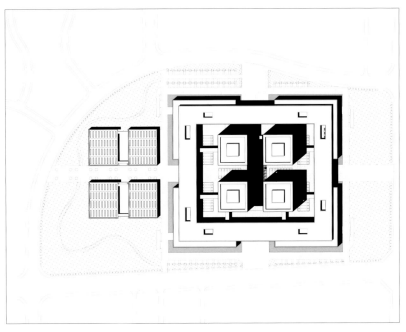

总平面图

0 25 50

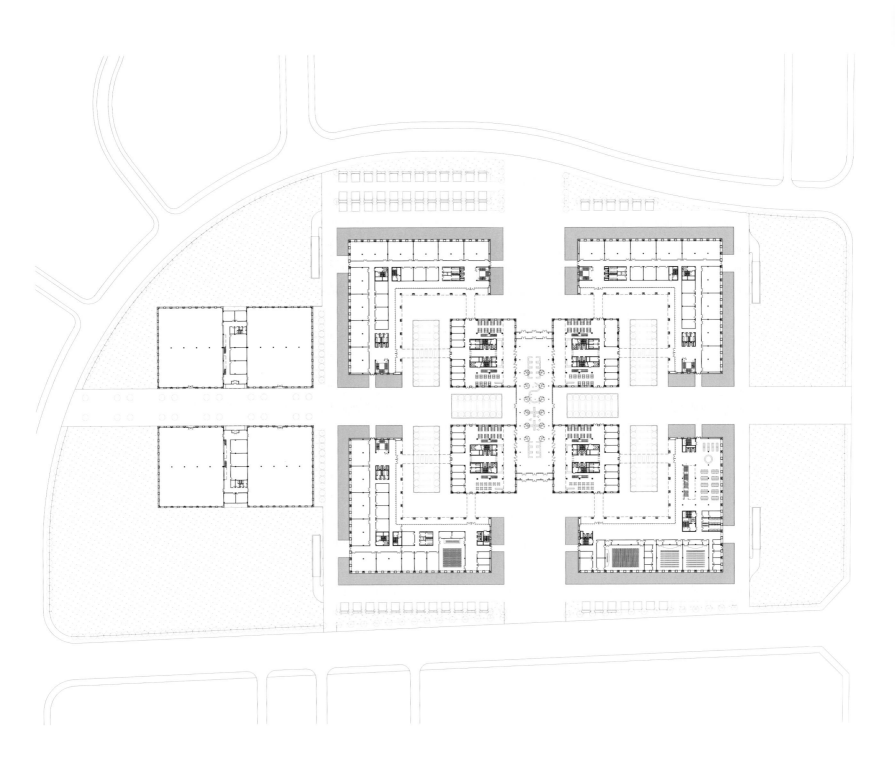

首层平面图

0   25   50

信息产业部电信研究院 3G 模拟试验环境建设试验楼

2005 － 2008
北京市海淀区

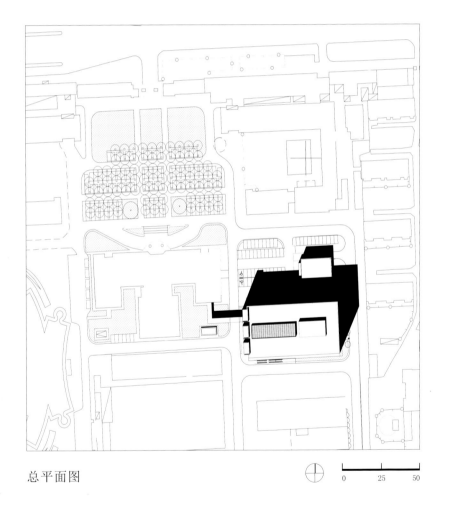

总平面图

0   25   50

本项目位于海淀区学院路 40 号信息产业部电信研究院内，地上主楼 10 层、配楼 2 层，地下 3 层，总建筑面积 26454.99 平方米。

本工程在设计上强调科研建筑的高效、实用的特征，合理布局试验室平面功能。在建筑的平面布局上保持主体与辅助部分的从属关系，主要使用空间位于中间位置，交通核及机电用房等服务性空间位于平面的东西两侧。

首层设置通透开敞的大堂空间，局部两层通高，主要用作接待和临时展示。在大堂的东侧，裙房的一层为新技术展示大厅，是 3G 最新技术主要的展示窗口。裙房二层为中型会议室，可容纳 200 人左右，结合会议室的平面特点，在会议室西侧设置中轴旋转隔断墙，自然形成休息侧厅空间。裙房屋顶设置屋顶花园，采用架空室外防腐木地板，与主楼四层平面相连通，为主楼的工作人员提供方便的室外活动的空间。在六层至十层设置通高的共享中庭，办公室和网络检测室围绕中庭设置，既实现了人员办公区与网络检测室的合理分隔，又为工作人员提供了特殊的空间体验。在共享中庭设置景观楼梯和连桥，作为视觉景观的构成要素和空间联系方式，不同尺度的空间为工作人员提供了更多的交流机会。中庭的顶部为电动开启的采光天窗，在开启的状态能够为中庭提供良好的自然通风和自然采光。人性化的公共空间设置能够为工作人员提供适宜的休息、交流的空间场所，缓解高强度的办公压力，激发工作热情，同时也能有效建立空间的归属感。

建筑外墙采用深灰色的陶土砖，浅灰色的双层中空 LOW-E 玻璃，银灰色的槽钢分层线和外窗框，通过仔细的比例推敲和材料组合，表现出建筑的材料特征和精美感。

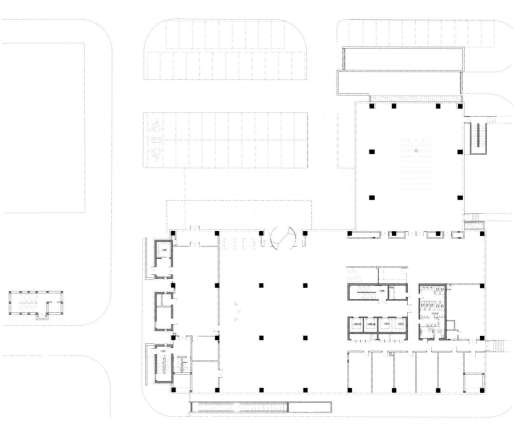

首层平面图

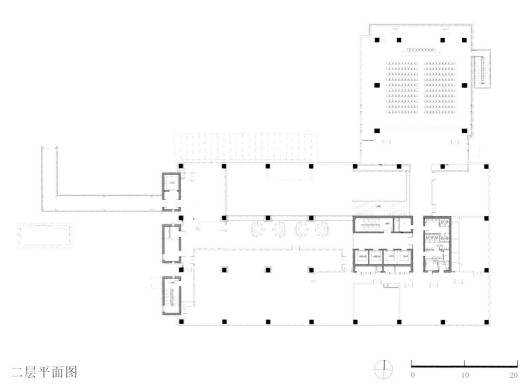

二层平面图

0   10   20

123

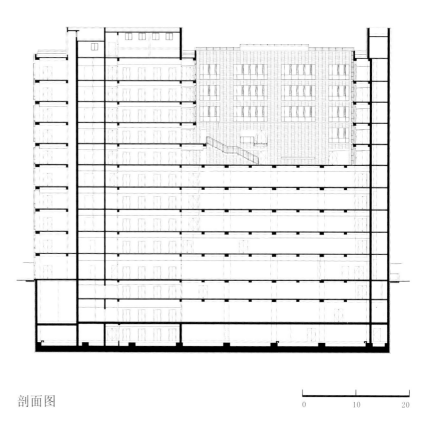

剖面图

0   10   20

中关村国防科技园

2012 — 2015
北京市海淀区

中关村国防科技园

2012 — 2015
北京市海淀区

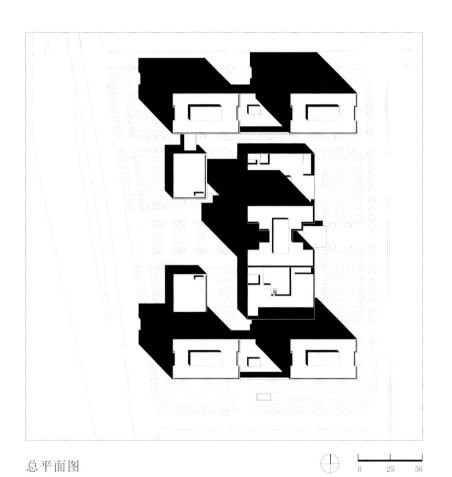

总平面图

中关村国防科技园项目位于北京市海淀区北京理工大学中关村校区西北部，西临西三环北路，北至校园北路，东至校园西路，南临规划一路和研究生公寓 5 号、6 号楼。

本项目规划总用地规模 62402 平方米，总建设用地面积 46556 平方米，总建筑面积 237995 平方米。建设内容：地上为综合楼、研发楼及配套楼，地下为车库、人防、附属配套和设备用房。建筑控制高度：60 ～ 80 米，建筑层数：地上 3 ～ 19 层，地下 3 层。

在城市规划层面，设计延续了校园整体规划的轴线概念，与校园主轴呼应，加强了整个校园的整体性和结构性。整体建筑群以中间智能综合楼（A 栋）为中心，其他四栋智能研发楼（B 栋、C 栋、D 栋和 E 栋）分置两侧，并结合西侧配套楼（F 栋和 G 栋）形成入口空间序列，体现中式院落对称的布局。南北两侧建筑横向布置，室内采光充足舒适，避免了高层之间的相互视线干扰。建筑整体围合成一较大庭院，庭院中配合立体绿化。在研发楼中结合多层次庭院空间的运用，在降低能耗的同时提升了整个园区的舒适度。

本项目在建筑设计全过程中，应用建筑信息模型设计（BIM 协同设计技术），在以 Revit 为核心的 BIM 平台上全专业协同设计，提升了建筑设计的准确度，丰富了建筑全生命周期的信息资料，为建筑施工和后期维护提供了极大便利。

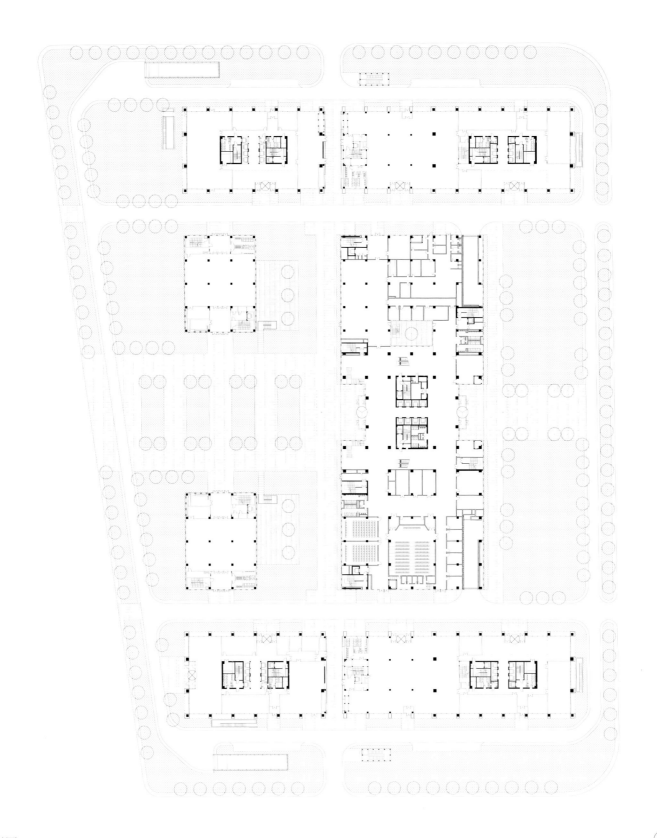

首层组合平面图

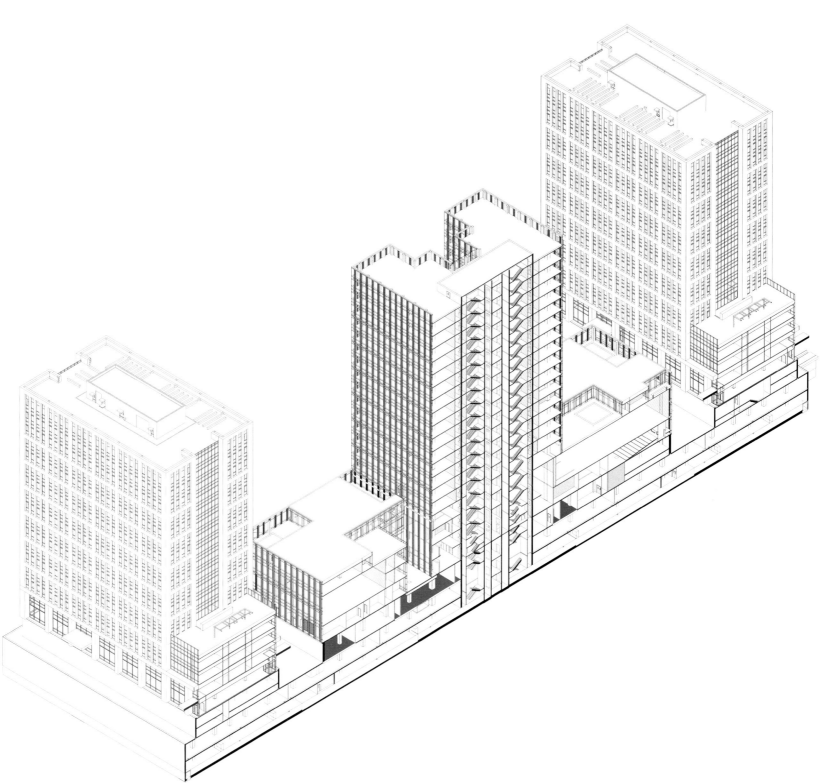

Revit 模型轴测剖切图

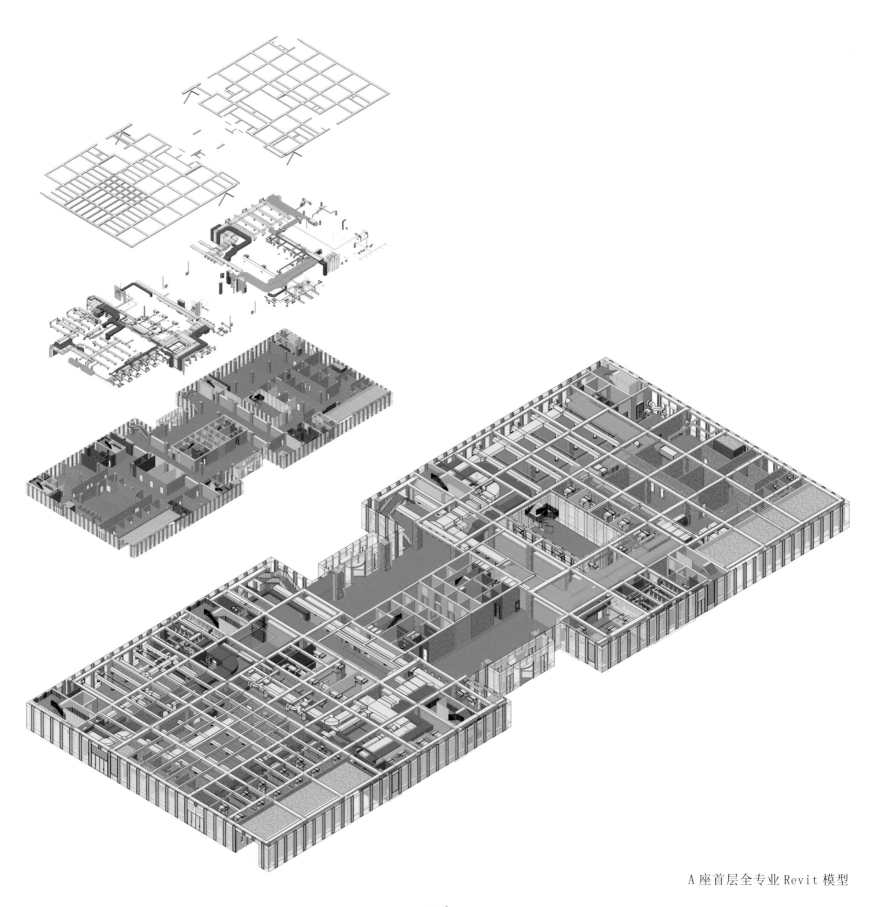

A 座首层全专业 Revit 模型

中石油冀东油田勘探开发研究中心

2006 — 2011

河北省唐山市

总平面图

⊕　0　　25　　50

　　冀东油田勘探开发研究中心项目位于河北省唐山市的城市主干道——新华道北侧，距唐山火车站约 500 米。项目为中石油下属的冀东油田公司的科研、办公楼，总建筑面积为 49950.5 平方米。

　　本项目分为主楼与辅楼两个组成部分，并通过连廊相连。其中主楼地上 24 层，高 114.5 米，主要功能为行政和科研办公；辅楼地上 6 层，高约 27.8 米，主要功能包括展厅、虚拟现实中心、大报告厅、档案库等配套功能。

　　主楼平面为矩形布置，核心筒位于平面两侧，从而形成中间的共享中庭空间。建筑使用空间围绕核心筒和中庭布置。建筑外立面造型采用分段化的处理方式，呼应内部中庭的空间逻辑。外立面运用了石材玻璃幕墙，采用"竖线条"的元素，由石材和铝合金构建组合而成，由下至上有两次收分，强调材料组合的变化效果。为了强调地标性，建筑顶部有圆形的金属格栅造型作为标志性元素，为建筑的总体形象增色不少。

　　被动式生态设计与人性化的办公空间是本项目的重要特色，通过建筑的自然采光通风设计、建筑外围护结构优化、屋顶架空隔热层、室内共享中庭与自然通风设计等手段，确保了本项目的高舒适性和低运行成本。设计中采用多种计算机辅助设计与模拟技术对于设计进行优化，通过多专业的高度整合与协同工作，确保了本项目生态设计目标的完成。

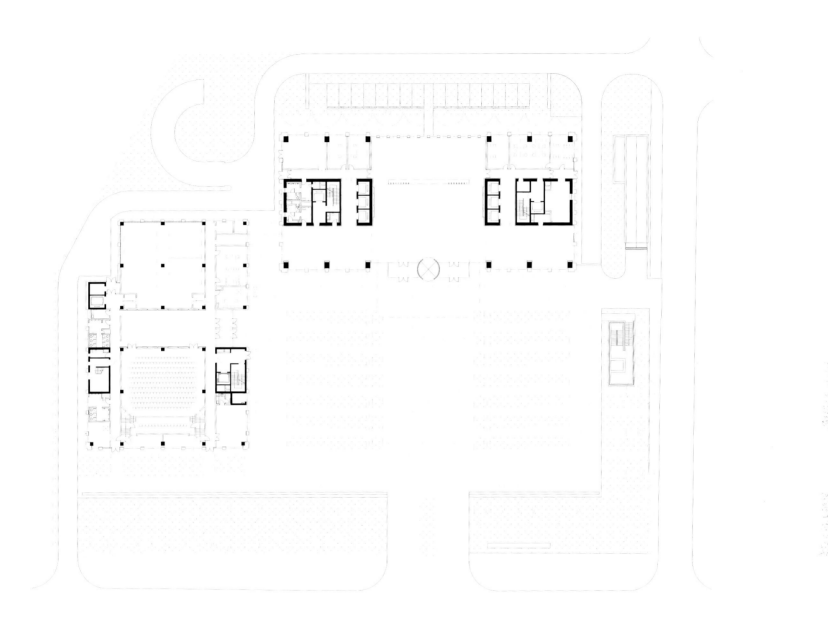

首层平面图

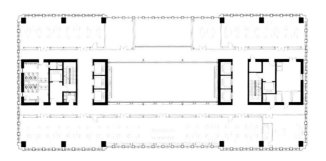

标准层平面图

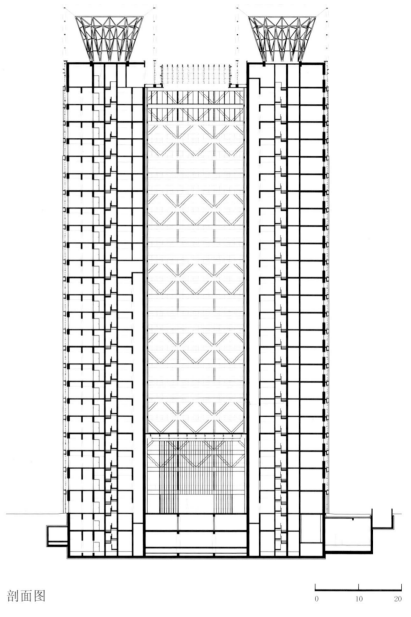

剖面图

0　　　10　　　20

神华集团黄骅港企业联合办公楼

2012 −

河北省沧州市

神华集团黄骅港企业联合办公楼位于河北省沧州市渤海新区黄骅港区，建筑总建筑面积 55108 平方米，由 11 层的办公楼主体和配套裙房共同组成。

依据使用需求，建筑包括 4 个功能区，分别为办公区、会议中心、餐饮区和健身活动区。办公区设置在办公主楼，其他功能区设置在裙房。办公区与其他功能区通过围绕内庭院的通廊实现相互之间的便捷联系。

建筑外墙采用浅米色的轻质混凝土挂板幕墙和浅灰色的玻璃，椭圆形的篮球馆外墙采用竖线条的装饰铝格栅，色彩与建筑主体一致。

办公主楼五至十一层设置了通高的共享中庭，中庭的屋顶采用了电动开启的采光天窗，为中庭空间提供了自然采光和通风条件。

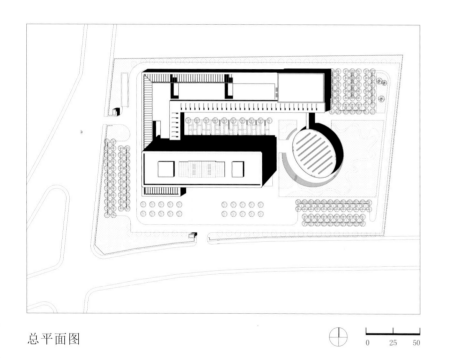

总平面图

0　25　50

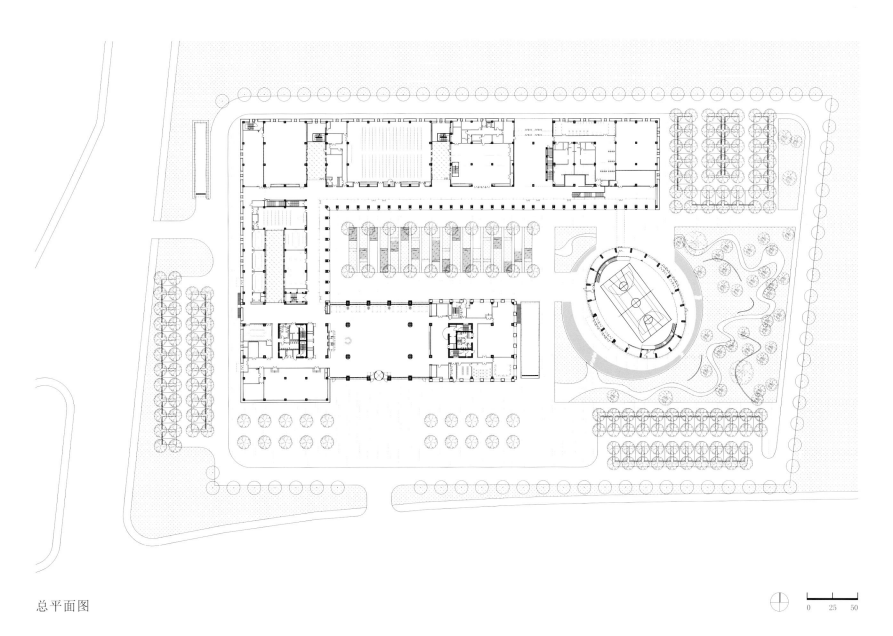

总平面图

0 25 50

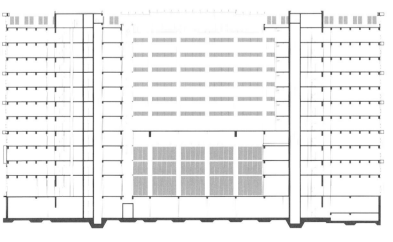

剖面图

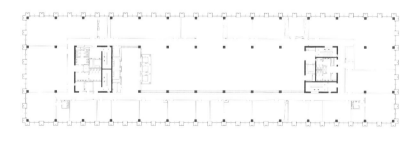

标准层平面图

0　10　20

北京国际文化贸易企业集聚中心

2012 – 2014
北京市顺义区

总平面图

0　　50　　100

北京国际文化贸易企业集聚中心项目选址用地位于北京天竺综合保税区保税功能二区，位置和交通十分便利。建设用地面积 56665 平方米，总建筑面积 192561.8 平方米。

综合保税区内部道路规整，以库房为主的建筑形式简单而尺度巨大，缺乏必要的场所感和文化氛围。而本项目作为高端国际文化产业的集聚与贸易中心，势必采取与周边建筑环境差异化的设计手法，形成独有的建筑环境空间。总体规划采用"一核四区"的布局方式，通过核心的中央广场和车行道路将园区划分为 A、B、C、D 四个区块，不同区块相对独立，便于后期主题化、差异化开发及运营管理。建筑空间构成取意"小镇"，通过建筑围合、偏转、穿插等多样化手法，营造出"围而不断，通而不透"的新式围合院落空间系统，以建筑的围合形成多个不间断的广场空间体系，空间连通的同时防止视线的透视，保证空间的多样性。

整个园区形成连续完整的内部空间界面和步行体系，注重公共空间的多样化、立体化和舒适性塑造。建筑外立面采取了具有适度装饰性的建筑元素，通过细节刻画和材料的对比，形成独有趣味的建筑外立面。同时由于各个单体建筑的平面形式、层数、角度、外立面元素的不同，使每栋建筑保持了独特性。（设计指导：朱小地）

首层组合平面图

北京亚太大厦

2008 – 2010
北京市朝阳区

总平面图

0　10　20

北京亚太大厦位于北京市朝阳区，用地北侧为雅宝路，西侧为东二环辅路，东侧为西七圣庙街，主要功能为办公、公寓。

原建筑建成于20世纪90年代初期，包括一栋写字楼和一栋公寓，改造前已使用20多年，建筑的状况已无法满足使用需求，为了提升室内外品质，实施了项目的外立面及室内装修改造工作。

配合建筑外立面改造，原有外围护结构及外窗全部拆除，更换为石材、玻璃幕墙和外保温涂料墙面；室内部分办公楼的公共区域重新装修，机电设备全部更新升级。

建筑外立面改造的核心是化零为整。设计从主楼、裙房、门头、细部等各层级入手，重塑后的造型简约稳重，使之重新成为与该地段城市形象相协调的"新建筑"。

建筑内部改造的重点是提升室内空间品质。设计延伸室外设计手法，实现了内外统一的设计风格。新的外墙和机电系统大大改善了室内热工性能和采光通风条件，从而提升了建筑整体品质。

通过一系列的整体改造，如今的亚太大厦在北京东二环建国门至朝阳门地区，犹如换了一身合体的正装，和左邻右舍和谐相处。同时也给室内更换了一套精致的内衬，更加适应新时代办公、公寓的使用需求。

改造前

改造前

改造后

改造后

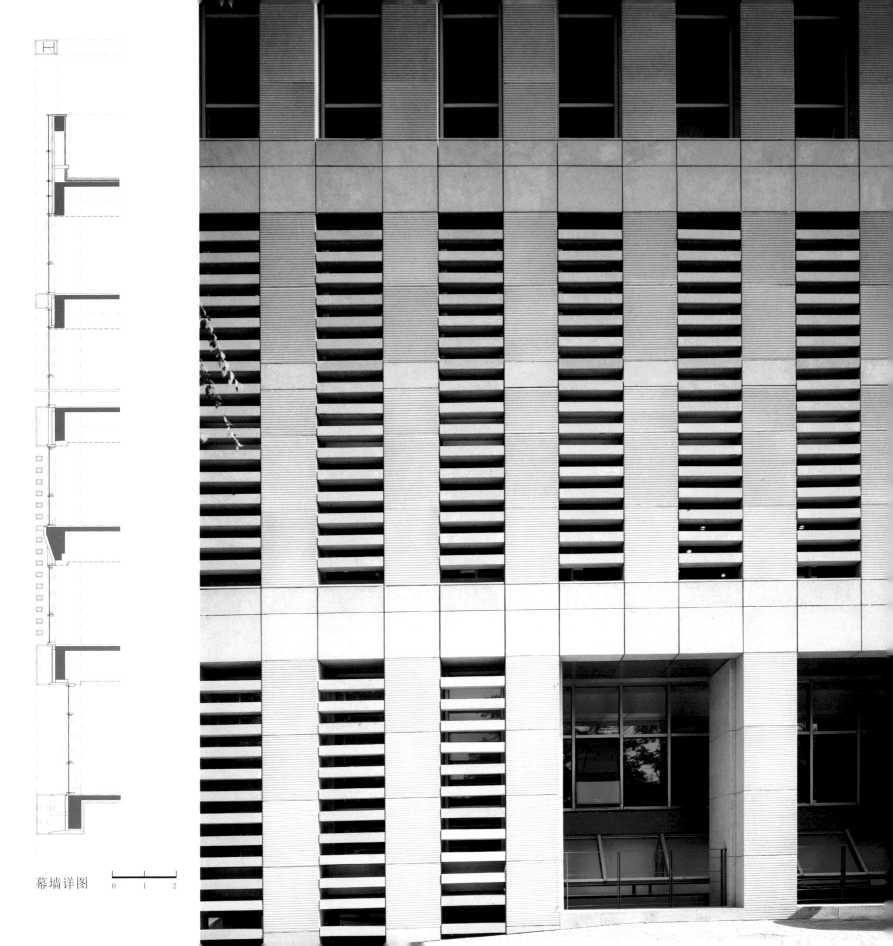

幕墙详图   0   1   2

珠海神华南方总部大厦

2012

广东省珠海市

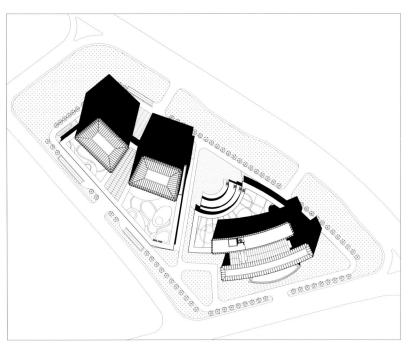

总平面图

0　25　50

神华集团华南地区总部基地项目位于珠海市横琴新区，总建筑面积343796平方米，其中地上建筑面积235892平方米，地下建筑面积107904平方米。建筑设有总部办公、金融中心、会议、酒店、科技研发、健身娱乐、餐饮、商业等功能。总部办公楼和研发办公楼为150米超高层双塔建筑，酒店及其配套建筑为92米的板式高层建筑。

本项目充分利用珠海的气候特点和用地景观资源优势，为使用者提供了多种类、多层级的室内外公共空间。设计中着重规划了园区的景观层次，以垂直立体绿化的概念为基础，使层级化景观概念贯穿于建筑。

本项目低碳设计着重"经济适用性"，采用"被动优先，主动优化"的设计策略，目标定位为绿色建筑"三星级"标准。

被动式低碳策略主要包括：1. 采用计算流体力学（CFD）技术模拟计算优化建筑空间布局，利用底层裙房降低高层建筑周围易产生的局地强风；2. 雨水的收集利用与雨洪调蓄；3. 充分利用自然采光与通风；4. 多层次的建筑外遮阳设计；5. 采用光电膜玻璃与电变色技术玻璃；6. 采用市政集中冷源和冰蓄冷技术。

主动式低碳设计策略包括：1. 太阳能光热系统；2. 室内环境控制系统；3. 智能照明系统；4. 能源监测系统；5. 垃圾综合回收利用（真空垃圾收集）等。

首层组合平面图

0   25   50

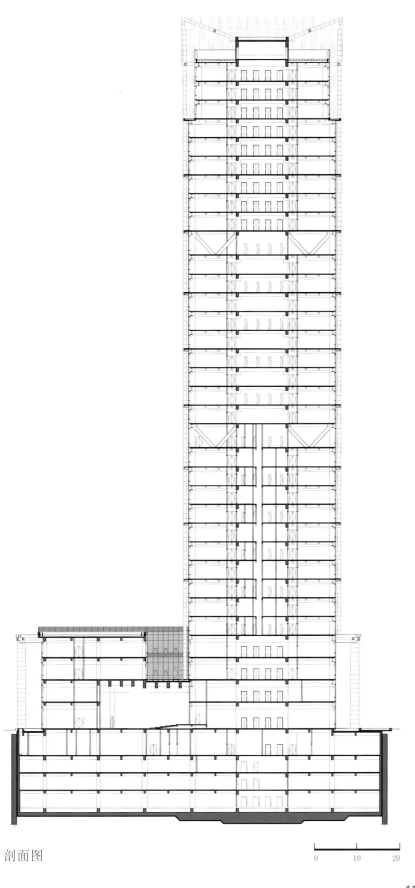

剖面图

0　　10　　20

177

未来科技城 A21 商业金融项目

2010

北京市昌平区

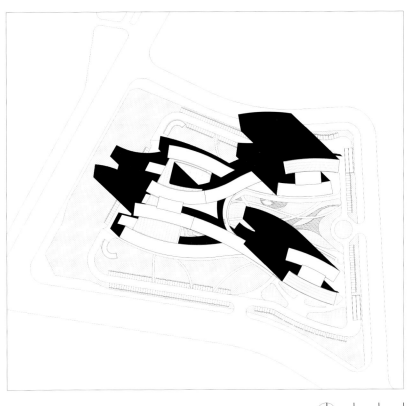

总平面图

0　25　50

未来科技城 A21 商业金融项目位于北京市昌平区未来科技城北区，项目规划用地约 4.51 公顷，总建筑面积 15.25 万平方米。主要建筑功能包括：办公、酒店、公寓和配套商业，项目建成后将作为整个未来科技城的办公服务建筑。

项目用地紧邻温榆河湿地生态公园，用地景观条件优越。方案设计概念取意"曲水"，立足于与环境的融合与对话，整体采用流畅的曲线造型，通过穿插缠绕，高低错落的体型变化，创造出一个灵动的建筑形态，与周边自然环境相融合。

建筑基本构成元素为四条沿东西向展开的"线性"体量，该体量两两穿插组合，分别构成了三个高度不同的塔楼，西侧为酒店客房，东侧为商务园办公楼，塔楼间由不同高度的裙房联系，裙房内为商务园配套、酒店配套及国际会议中心功能。

景观设计在满足功能的前提下，均采用曲线交错的手法构成。建筑外部空间可分为开放式绿地和半围合庭院。开放式绿地主要位于场地北、西、南侧，与周边环境融为一体，多以自然景观元素为主；半围合庭院则是使用者主要活动的室外空间，位于场地中部，较为人工的几何构成为使用者提供了一个环境适宜的交流场所。

建筑外墙采用内循环式双层呼吸幕墙系统，不但保温隔热，在遮阳降噪等方面也有较为明显的效果。

首组平面图

0   25   50

180

北航新主楼

2003 - 2006

北京市海淀区

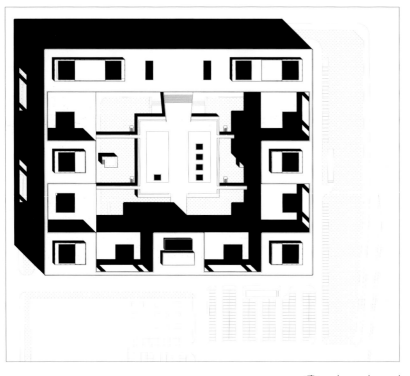

总平面图

0　　25　　50

北航新主楼位于北京市海淀区北京航空航天大学东南区，东临学院路，北临飞云路（校园南路），西临长虹路（科技园路）。

本项目规划用地面积 64308 平方米，总建筑面积 22.65 万平方米，建筑高度 50 米。项目建成后，共有 8 个学院和单位入住，由公共教室、科研实验室、办公室等主要功能部分组成。

本项目的建筑造型设计，力求在校园环境中树立自身的形象，并与城市环境相协调。由于周边环境较为无序，缺乏统一的规划和必要的联系，因此我们以规整的几何形体构成连续、简洁的外轮廓线，整合周边校园的空间关系，并与城市干道形成尺度上的呼应。建筑立面造型严谨又富于张力，体现了工科院校应有的气质特点。

本项目运用了周边院落式的布局方案，使建筑在水平方向充分延展，形成了具有中国传统建筑空间韵味、非常人性化的空间意象。

在景观设计中，本项目对建筑的外部环境与内部庭院采取了截然不同的设计手法：建筑外部以几何化的绿化、铺装、水池、景观小品为主要元素，塑造出理性化、城市化的景观风格，建筑的内部庭院则采用了极为自然的景观设计手法，茂密的树林，地势自然起伏的草地以及木质的平台、飞桥，构成了内向、安静、质朴，并富有生命力的场所空间。

北航新主楼的生态设计方面也做了一些积极的尝试。首先采用院落式的平面布局，形成良好的采光、通风条件；其次，为了保证自然通风的真正形成，在每个主塔和副塔内庭院的侧面，均设置了半室外的两层通高的"内庭"；同时在设计中还采用了雨水回收利用、太阳能利用、热回收利用等多种生态、节能设计的方法。

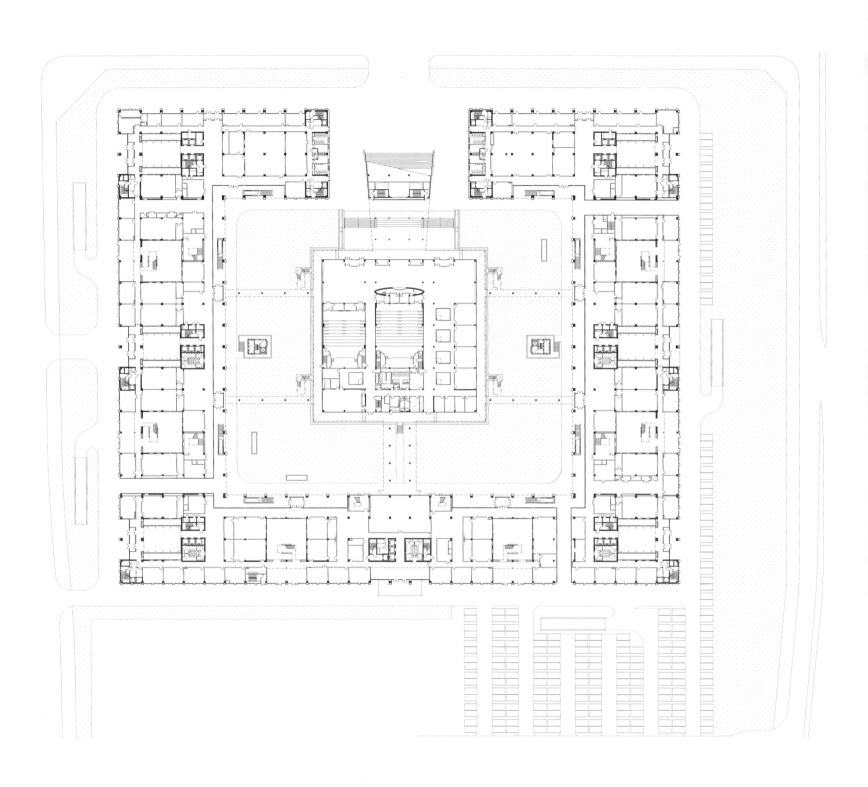

首层平面图

0   25   50

全国组织干部学院

2009 — 2011
北京市朝阳区

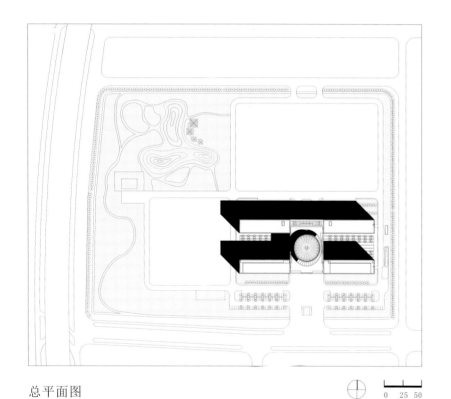

总平面图

0 25 50

全国组织干部学院用地位于北京市朝阳区金盏乡，项目总用地面积163440.2平方米，总建筑面积40061.9平方米。建筑功能包括：教室及讨论室、图书馆、报告厅、多功能厅、办公用房、食堂、宿舍及配套用房等。

建筑地上部分主要分为五大功能区块，南侧西段主要功能为教室、讨论室及图书馆等教学用房；南侧东段主要功能为办公区，一、二层为食堂；中部为核心区，首层设3层通高的门厅及一个可容纳600人的报告厅，报告厅上部设置一个有采光穹顶的多功能厅以及屋顶平台；北侧东西段均为学员及专家宿舍。

建筑总图布局从整体院区综合考虑，形成纵向的主轴线和横向的次轴线，建筑室内外空间追求秩序性和礼仪性，并与建筑使用功能完美结合。

建筑采用"工"字形平面，主入口朝南，正对东坝北街。建筑内部空间为向心性设计，以位于中间位置的门厅和大报告厅为核心，向四周辐射其他功能空间。

建筑顶部设置穹顶，统领整体造型。外立面布局对称，采用带有学院气息的三段式，主墙面为红棕色面砖，局部搭配浅色石材，建筑形象厚重而严肃。

本项目采用了整体化生态设计的方案，运用主、被动式节能技术，对穹顶的遮阳精心设计，合理组织自然通风，降低了建筑能耗，营造出室内舒适的光、热环境。本项目是北京市较早取得绿建三星的建筑之一。（设计指导：朱小地）

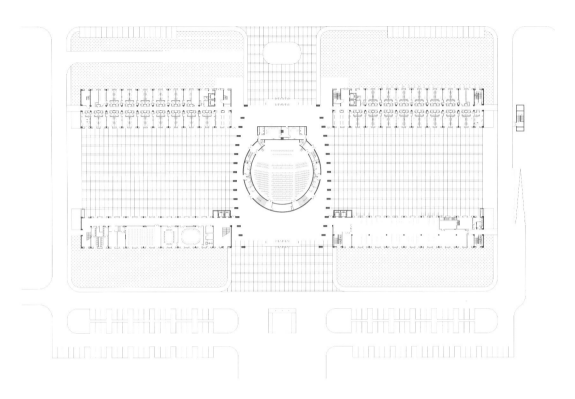

首层平面图

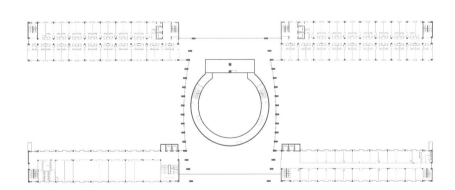

三层平面图

0   10   20

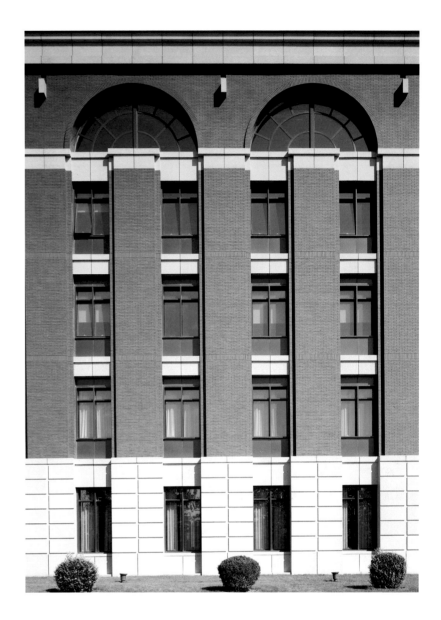

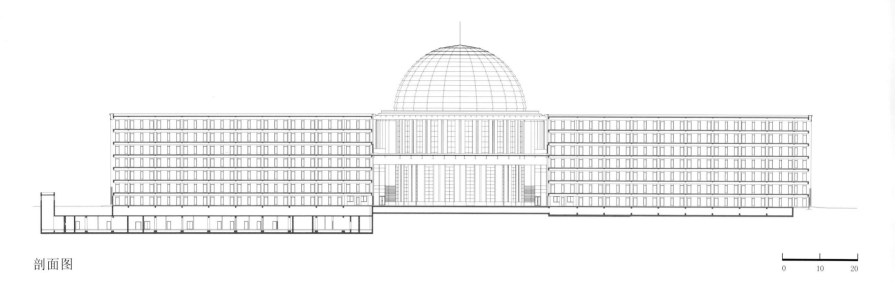

剖面图

0   10   20

中国资本市场学院

2011
广东省深圳市

中国资本市场学院

2011

广东省深圳市

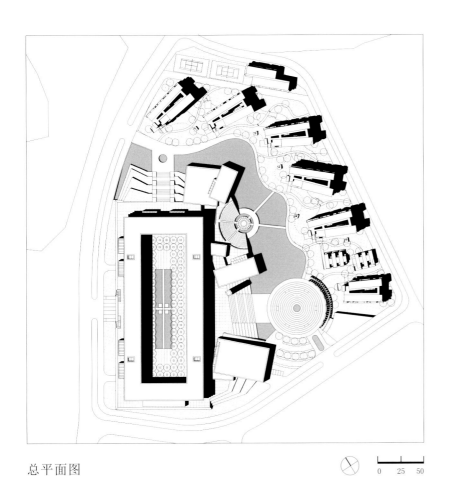

总平面图

本项目选址位于深圳市西北的原西丽湖度假村内，东邻深圳野生动物园，西邻西沥水库，北靠麒麟山，用地周边自然环境优美，水资源尤其丰富，是深圳高等教育核心区建设用地。用地面积100501.33平方米，总建筑面积96860平方米。

方案将学院明确分为教学科研区和生活配套区。在生活区内，建筑与环境融为一体，各建筑散落在优美的环境之中；教学科研区则利用现有地形筑出一个形态丰富的平台，主体功能采用规整的"回"字形巨构体量架设之上，形成"卫城"式的空间格局。学习者每天需要拾级而上进入"卫城"，从"卫城"的梧桐广场通达至各种教学、科研场所。登"城"之路纵使艰辛，但也只有在"城"上才能净化心灵，高瞻远瞩。

学院分为教学科研与生活配套两个区域，其中教学区位于西南现状台地，生活区位于用地东侧、北侧，学院主入口设置于用地南侧，正对圆形主广场，两个区域通过广场、水系、露天剧场和多层级道路系统相互联系。此分区方式合理利用了场地条件，同时可塑造出学院沿城市主要界面的形象，且保证了生活区的环境品质。

教学区采用集中式布置，将多种功能化零为整，在43.2米标高处筑出一个大型平台，大中型空间设置在平台层及平台下，小空间通过整合后以巨构空间形态架设于平台上，集中的方式提高了教学区功能的使用效率，也塑造出一个气势宏伟、宛若卫城的学院形象，平台上的梧桐广场更是成为了学院在功能、形象和精神上的核心所在。

生活区内的建筑采用分散布局，各学员公寓自由散布于自然地形之中，建筑与景观融为一体，为生活区创造出良好的居住品质。

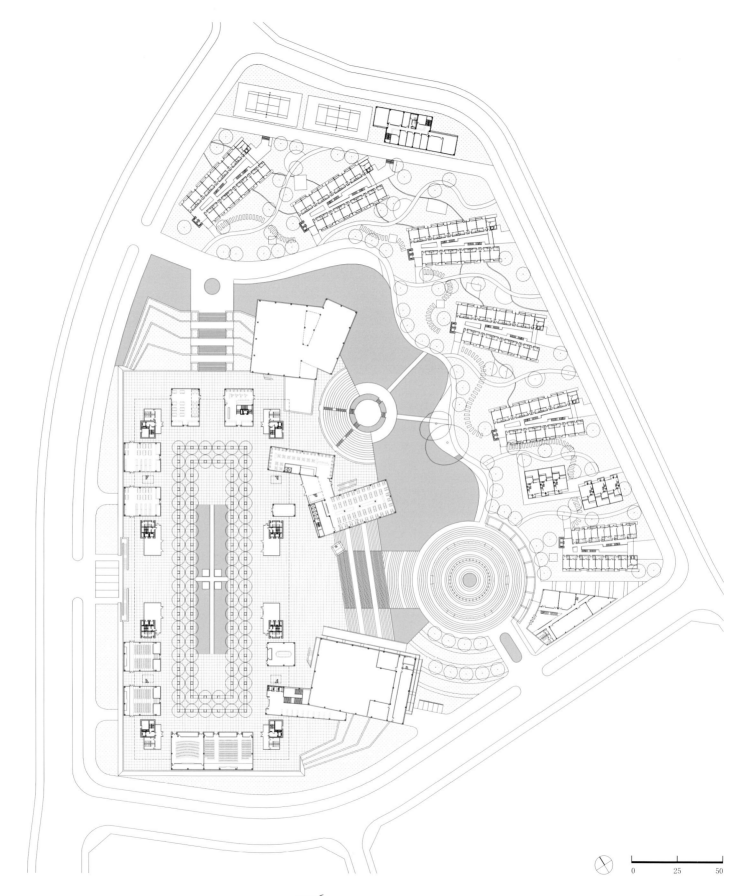

首层组合平面图

0　　25　　50

北京中学东坝校区设计方案

2013

北京市朝阳区

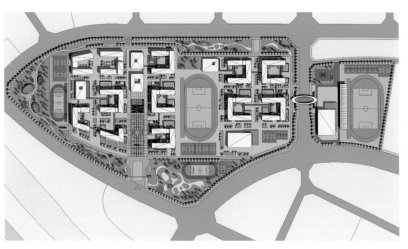

总平面图

0　50　100

北京中学东坝校区位于北京市东坝国际商贸区西端，项目规划用地约27.59万平方米，总建筑面积16.82万平方米。北京中学分为三个学部：完全中学、国际教育和义务教育。

北京中学被业主方寄予了很多期待：多元开放的新型校园空间，具有北京传统文化特质、蕴含北京元素的校园空间，尺度适宜、阳光健康的人性化空间，具有强烈的归属感，成为学生学习生活的家园。为了实现这些目标，我们的设计从规划、建筑、景观这三个层级对传统北京城市进行了全面的研究，提炼出其独有的特点，并将其恰当地运用到设计中。

在校园规划层面上，老北京城的构成方式是系统的：由墙围成院，由院连成胡同，由胡同结成街道，由街道形成了城。曾经的四合院、胡同、小街构成了典型的北京旧城肌理。在设计中我们试图沿袭这样的城市结构特点。根据建筑功能性质由公共到私密的过渡，将建筑按首层，游廊，标准层三个标高进行空间划分。在不同标高形成形态相近又各不相同的布局肌理。

在建筑设计层面上，传统北京城的基本建筑单元是四合院。庭院空间规整有序，建筑造型多为坡顶，廊下空间丰富。建筑材质以青砖为主，建筑细部刻画精美。设计将这些典型的建筑元素和手法，通过现代建筑技术应用到学校的设计中。

在景观环境设计层面上，传统北京城市景观多以树木为主，辅以附着在建筑墙面上的爬山虎、常青藤，它们共同与小尺度的街巷空间融为一体。校园更需要这种自然舒适的空间感受。因此，林荫路成为学校道路空间的主题，同时结合庭院树木、屋顶绿化，共同营造富有北京特色的园区绿化系统。

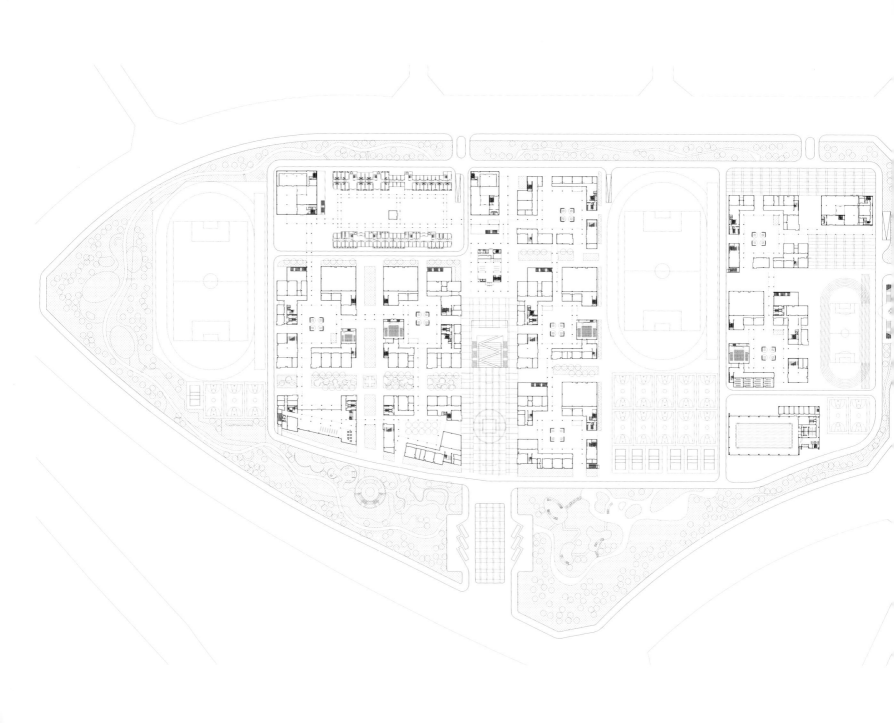

首层组合平面图

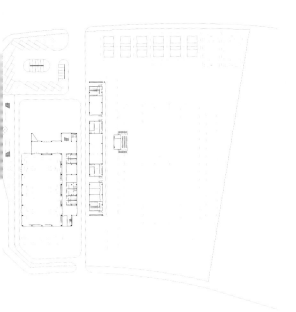

北京理工大学良乡校区工业生态楼

2011 - 2014
北京市房山区

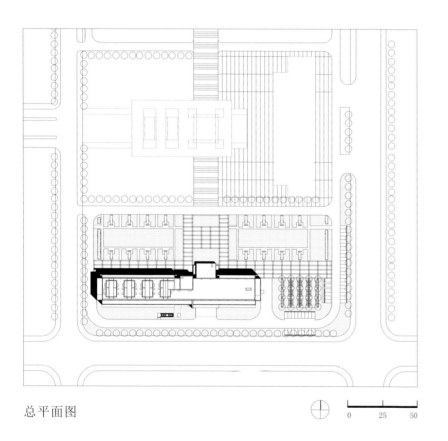

总平面图

0   25   50

北京理工大学良乡校区工业生态楼项目位于北京市房山区北京理工大学良乡校区南区东南角，西侧为学生宿舍，东侧和南侧临高教园道路，也是校区的东南边界。

工业生态楼由理学院化学系和化工与环境学院两部分组成，主要以化学实验室和相关研究室为主，配以部分科研办公室。项目用地面积1.65公顷，总建筑面积24060平方米，地上建筑面积21738平方米，地下建筑面积2322平方米。建筑高度45米，建筑地上9层，地下1层。

本项目平面采用南北向一字形布局，对外形成学校的严整形象面并与周边道路保持良好关系，对内以入口形象正对校园主轴，并与北侧的化学实验楼和待建的理学楼共同围合形成一个统一的教学板块。

建筑功能分区清晰明确，实验室单元采用6600×6600柱网尺寸，满足化学实验室的各项功能要求，每个标准开间合理安排一个通风柜、药品柜、试验台和清洗池等。标准实验室统一布置在二至九层的建筑西侧。学术交流会议室、科研办公区、仪器分析室合理布置在建筑各层。

建筑形体追求体块组合的个性与统一，在明确的体量组合下营造了丰富的细节处理。建筑立面运用灰色面砖、匀质开窗和玻璃幕墙相结合，突出学校的人文气质与科学精神。建筑顶部的体量虚实组合，为建筑增添了生动的气氛。

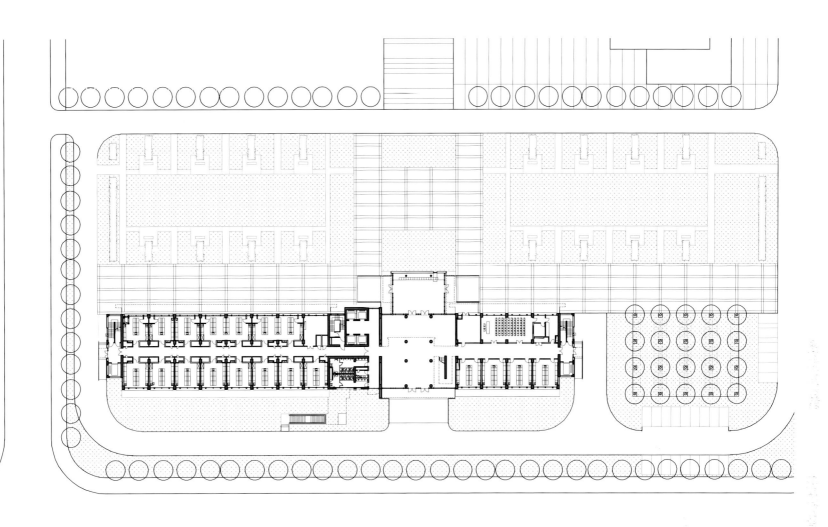

首层平面图

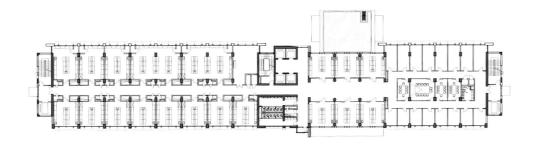

标准层平面图

鸿雁苑宾馆改扩建项目

2013 —

北京市怀柔区

鸿雁苑宾馆改扩建项目位于北京市怀柔区雁栖湖经济开发区，雁栖湖南侧一座小山的顶部，视线非常开阔，周边优美的自然风光和掩映在绿树间的建筑一览无余。雁栖湖的北岸是 APEC 会议的主要场馆区。

项目规划用地约 1.67 公顷，总建筑面积 1.60 万平方米。主要功能包括：接待中心、客房、会议中心及后勤配套用房。

项目设计充分利用复杂的场地地形，结合场地不同地势条件，布置不同功能的建筑空间体量，形成独特的山地建筑形态。设计中利用周边的景观资源，营造了多层次的观景活动平台，宾馆主楼的屋顶花园、客房的观景阳台以及建筑南侧的各级平台都提供了多方位多层级的景观观赏点。

为体现建筑的山地特色，建筑外墙材料选用了当地出产的石材和自然朴素的装饰性混凝土挂板，与周边的山体环境融为一体，实现建筑与自然环境的共存。

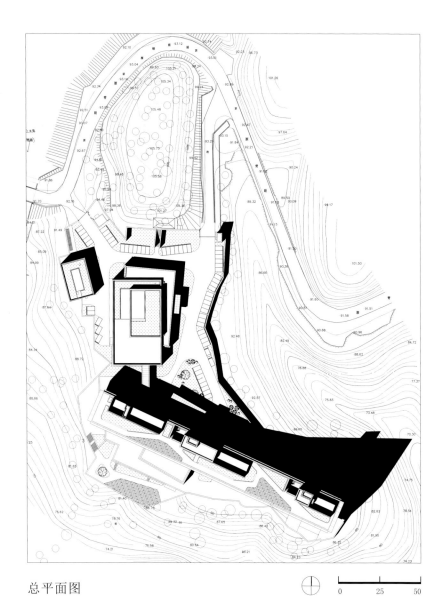

总平面图

0   25   50

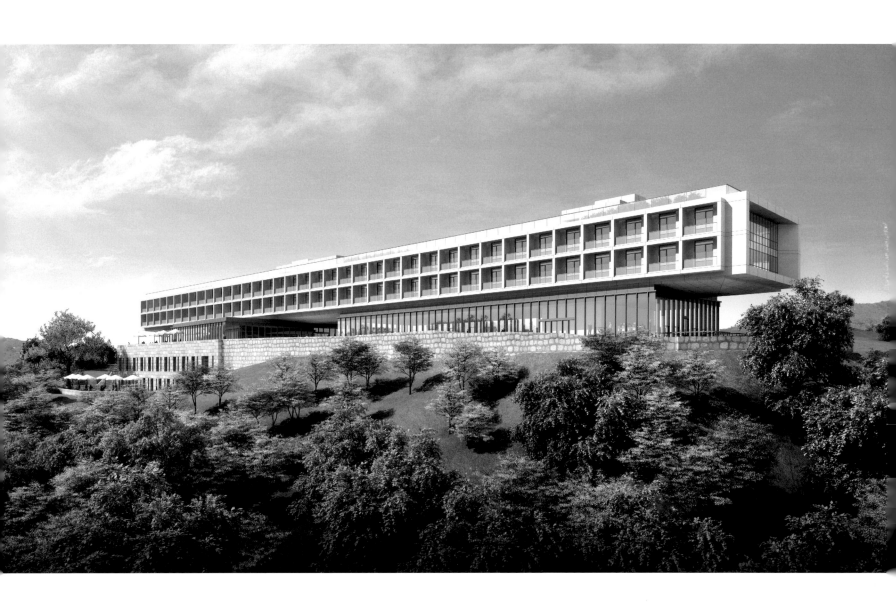

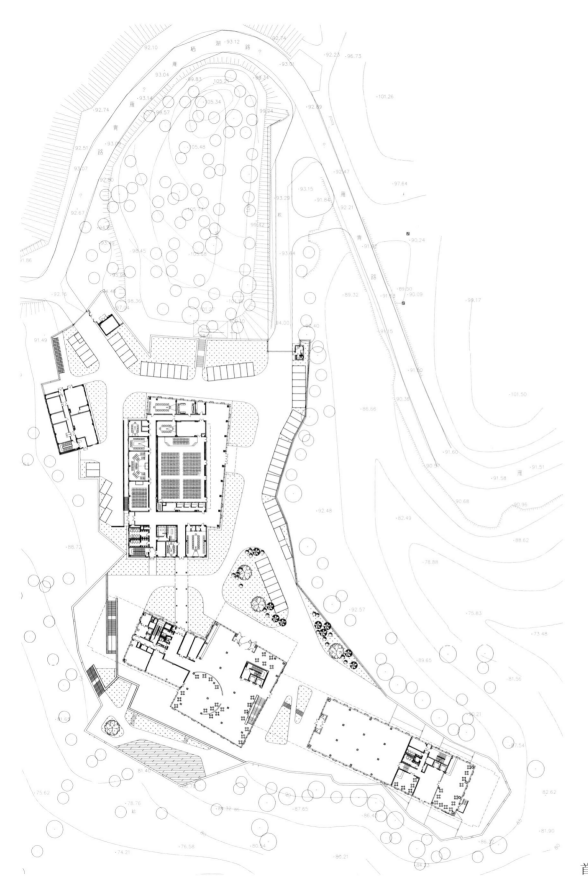

首层平面图

0 10 20

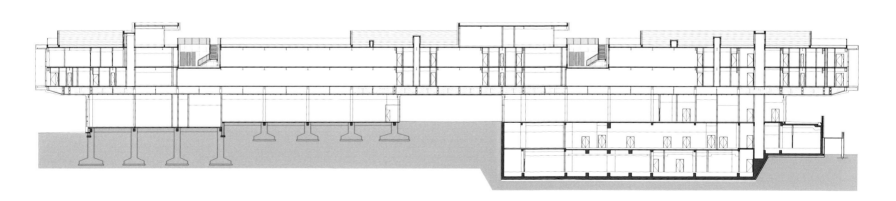

剖面图

0   10   20

国家美术馆概念性建筑设计方案

2011
北京市朝阳区

国家美术馆概念性建筑设计方案

2011

北京市朝阳区

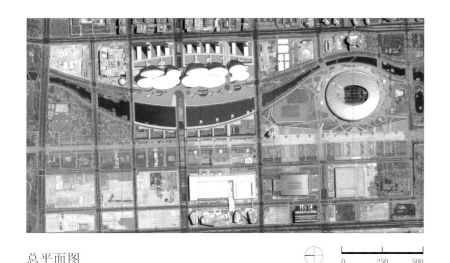

总平面图

0　250　500

国家美术馆项目建设用地位于北京奥林匹克公园中心区内，北京中轴线以东、龙形水系东岸，国家体育场以北，国家科技馆以南；与南北两栋文化建筑（中国工艺美术馆、中国国学中心）共同组成 "文化建筑群"。

本项目规划用地面积 3.2 公顷，总建筑面积 128600 平方米。

方案用 "云" 的意象传递建筑的模糊性与多意性。建筑主体造型由充满张力的曲面体量相互咬合构成，通过交通核的支撑，悬浮在首层空间之上。外立面由垂直于表面的穿孔铝板覆盖，动感强烈的图案根据建筑体型走势变化，使建筑表面呈现变幻的流动感；穿孔铝板的通透性也模糊了建筑边界，减轻了巨大体量产生的沉重感，整体造型轻盈飘逸，恰似片片云朵浮现天空。

为满足当代艺术展览的需要，在首层东侧北部设计了恢宏的独立展厅，围护结构体系植根于首层地面，中间没有任何结构物遮挡，是展示大型艺术品的绝佳场地，作为国家美术馆的代表性展场，也是国家美术馆的主要入口，以大面积、轻盈的柔性玻璃幕墙应对东侧的步行广场，将室内、室外空间以艺术的氛围连为一体。观众可以在首层公共空间中通过竖向交通到达各层展览空间及室外艺术展区，在欣赏艺术品的过程中完成对国家美术馆建筑空间的体验。

整个 "文化建筑群" 以 "云·交响" 为整体规划概念，由巨大绿坡形成的室外艺术展区将三个文化建筑整合，形成悬浮在空中连绵700 米的巨型 "云" 朵组合，一气呵成，演奏出一场充满艺术气息的浪漫交响乐章，成为奥林匹克公园中心区最具视觉效应的新标志。（设计指导：朱小地）

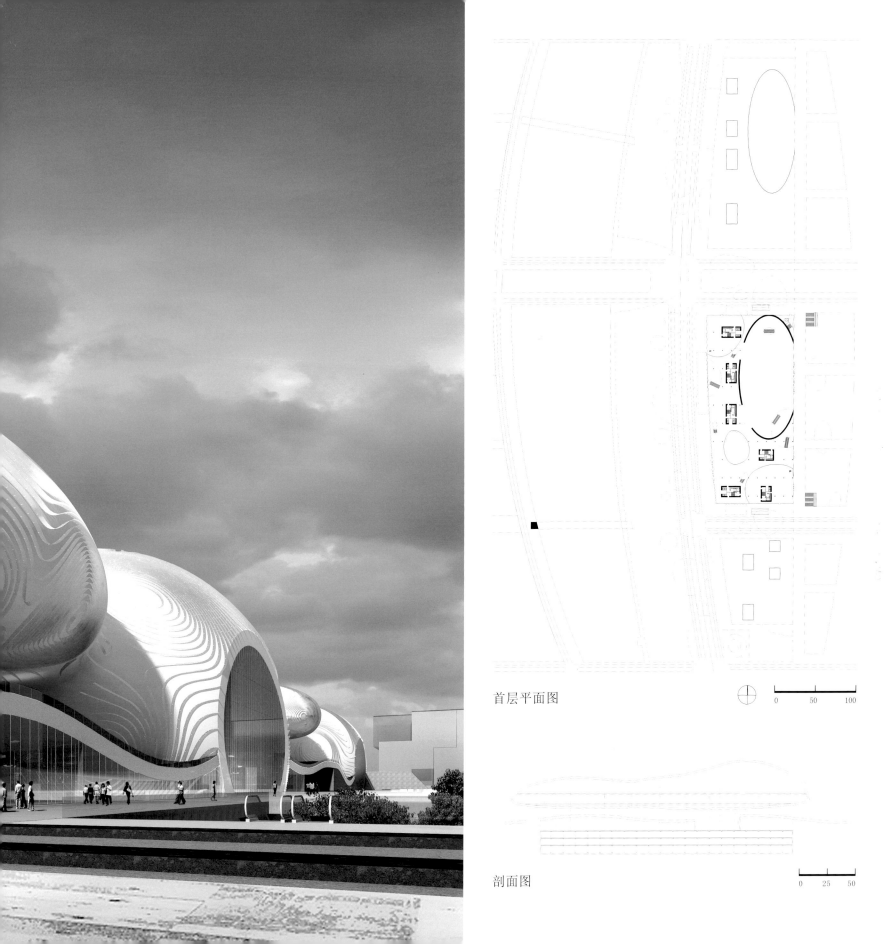

首层平面图

0　　50　　100

剖面图

0　25　50

烟台世贸中心会展馆

2005 – 2010
山东省烟台市

烟台世贸中心会展馆

2005 - 2010
山东省烟台市

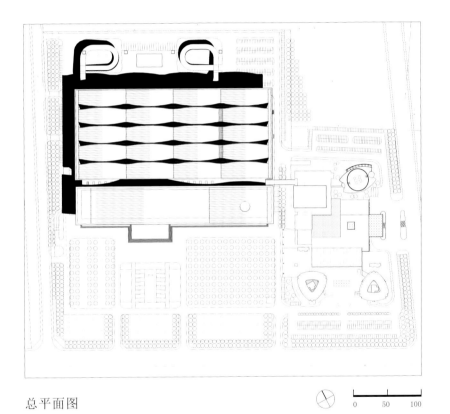

总平面图

烟台世贸中心会展馆位于山东省烟台市莱山区体育公园东侧，南临世贸路，北临滨海路眺望大海。

项目用地面积 25.4 公顷，总建筑面积 157585 平方米，其中地上建筑面积 137800 平方米，地下建筑面积 19785 平方米。建筑地上 4 层，地下 1 层，建筑高度 45 米。是集大型展览、国际会议、商务服务、办公接待于一体的建筑综合体。

烟台世贸中心会展馆定位是省市级展览中心，本项目的展览部分为 2 层，共有 6 个 99 米进深、63 米面宽的标准展馆位于北侧；长期展厅位于大厅一侧，东、西各有一个体块穿插其中，每个体块 3 层，共有 6 个长期展馆；会议中心共 4 层，包括大餐厅、中餐厅、1500 人会议厅、1000 人宴会厅、中小会议室等功能。设计中合理组织展览流线、会议流线、贵宾流线、货物后勤流线，满足大人流、多功能的使用要求。

建筑外墙以金属幕墙、玻璃幕墙为主，配以曲线形屋面，具有现代气息和滨海建筑的特色。在技术设计上合理解决大空间的幕墙体系、大面积曲面金属屋面体系、大空间防火性能化设计等问题也是本项目设计关注的重点。

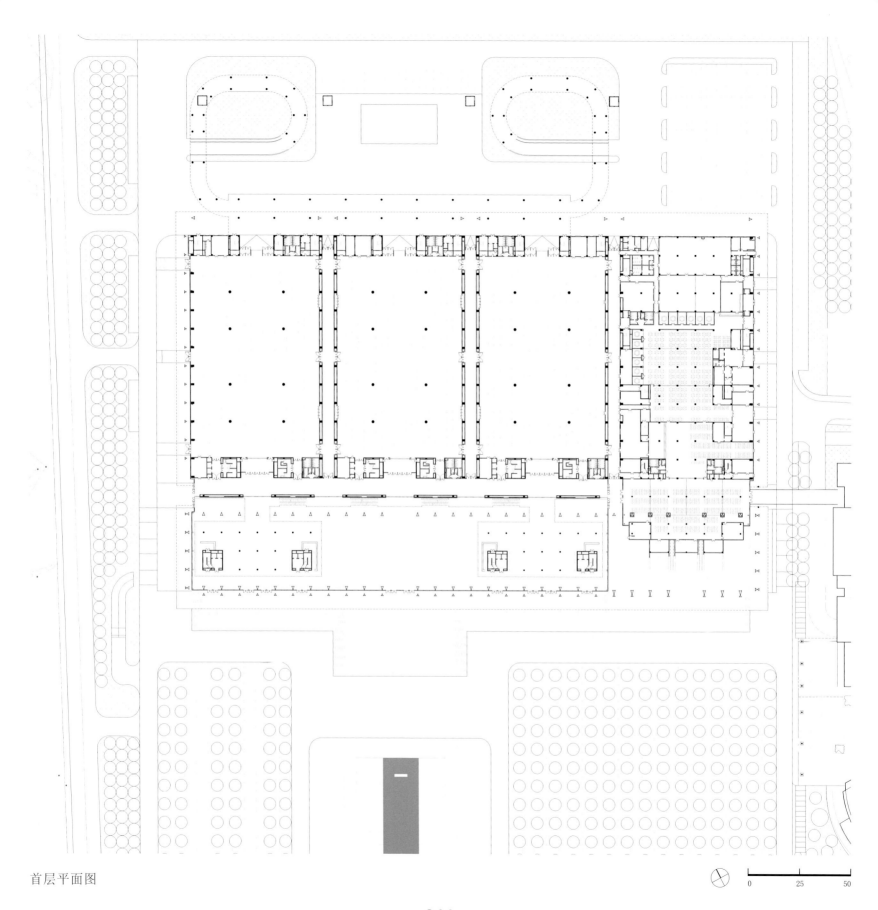

首层平面图

0   25   50

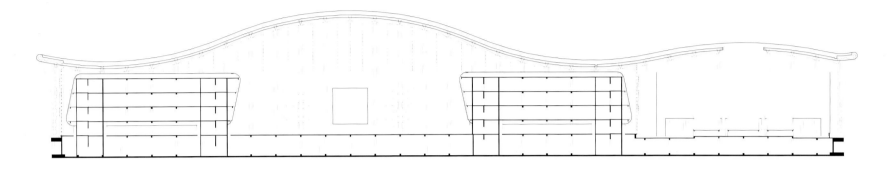

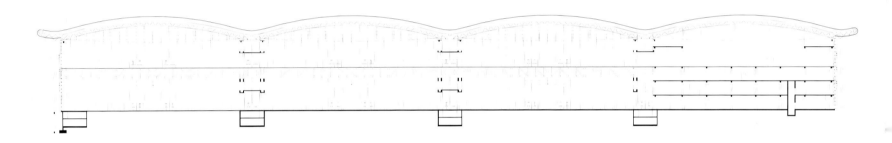

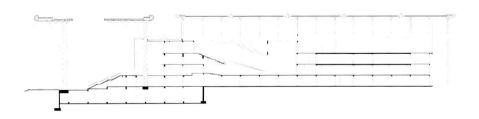

剖面图

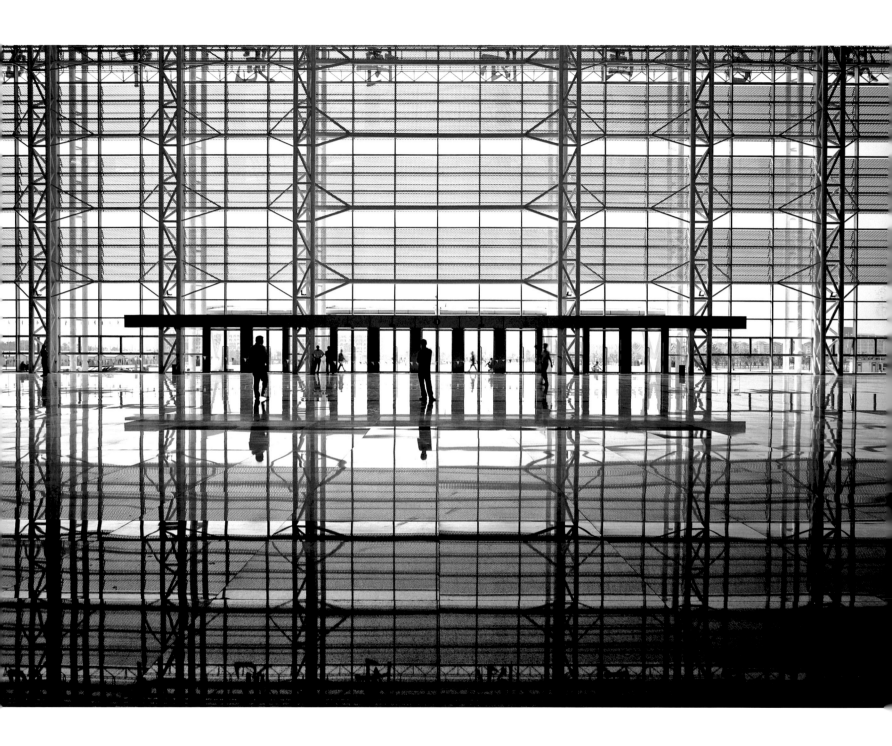

成都东村国际艺术城

2011

四川省成都市

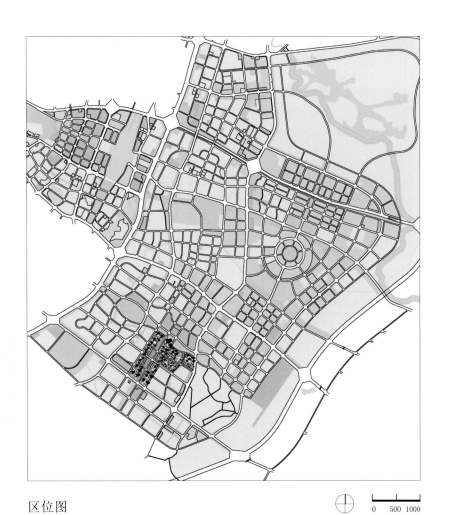

区位图

0 500 1000

本项目基地距成都城市中心9公里，距双流国际机场20公里，位于城区东南三环与绕城高速之间，周边为银杏大道、香樟大道、成龙路、驿都等多条交通干道组成的城市道路网络，周边及区内道路基本已建设完成。同时，在建与规划中的轻轨客运站以及地铁线路更使得本区域的公共交通便捷可达。

东村国际艺术城设计定位为：艺术提升产业发展，建筑传承历史文化。项目的建成将为艺术家、艺术机构及文化创意企业提供创作、交流、发展的平台；以艺术品交易中心为核心和纽带，形成多元融合的文化艺术产业群；创造能够带动区域发展、充满活力、可持续发展的城市新区。

在城市设计中我们将动态规划理论作为本次城市设计的理论依据，回归到"以人为本"这个设计起点，在以下四个方面做了深入的设计研究并体现在具体的城市设计中：

公共空间：优质城市公共空间应当是层次丰富的、有机连续的和设施完善的，以保证人的空间认知感是连贯的、完整的和有序的；

功能混合：过度清晰的功能界定会导致城区发展走向僵化，而适当的功能混合有益于唤醒城区的活力；

动态控制：动态控制的目的是为了更加有效地利用有限的城市土地资源，更加切实地进行可持续发展；

独立管理：成立由政府与开发商共同参与的管理委员会，整合各个管理口，提供一站式服务，有效落实动态规划。（设计指导：朱小地）

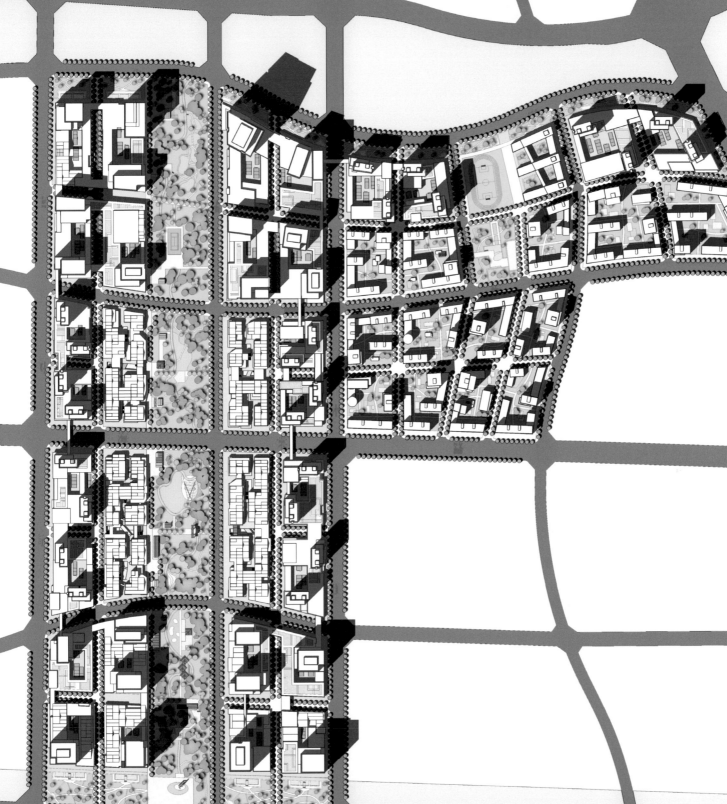

总平面图　　0　50　100

文化商业混合型街区

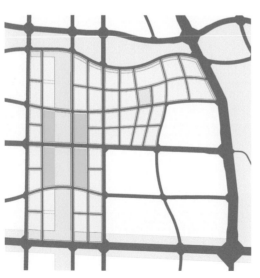

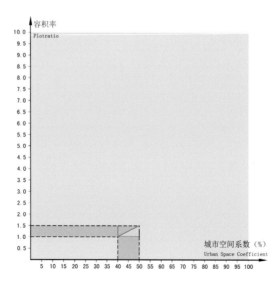

容积率
Plotratio

10.0
9.5
9.0
8.5
8.0
7.5
7.0
6.5
6.0
5.5
5.0
4.5
4.0
3.5
3.0
2.5
2.0
1.5
1.0
0.5

城市空间系数（%）
Urban Space Coefficient

5 10 15 20 25 30 35 40 45 50 55 60 65 70 75 80 85 90 95 100

■ 工作
□ 居住
▨ 文化艺术活动
▨ 购物
▨ 就餐
▨ 休闲
▨ 出行
■ 社会事务

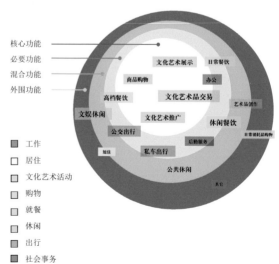

核心功能
必要功能
混合功能
外围功能

文化艺术展示　日常餐饮
商品购物　办公
高档餐饮　文化艺术品交易　艺术品创作
文娱休闲　文化艺术推广　休闲餐饮
公交出行　后勤服务　日常消耗品购物
居住　私车出行
公共休闲
其它

258

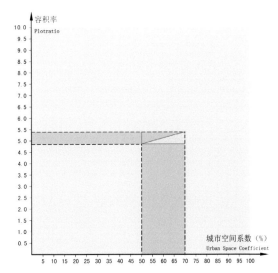

容积率
Plotratio

10.0
9.5
9.0
8.5
8.0
7.5
7.0
6.5
6.0
5.5
5.0
4.5
4.0
3.5
3.0
2.5
2.0
1.5
1.0
0.5

城市空间系数（%）
Urban Space Coefficient

5 10 15 20 25 30 35 40 45 50 55 60 65 70 75 80 85 90 95 100

工作
居住
文化艺术活动
购物
就餐
休闲
出行
社会事务

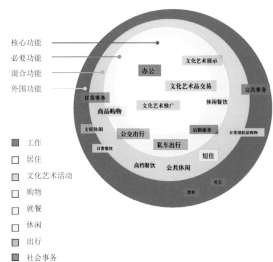

核心功能
必要功能
混合功能
外围功能

办公
文化艺术展示
文化艺术品交易
文化艺术推广
公共事务
日常事务
休闲餐饮
商品购物
文娱休闲
后勤服务
日常消耗品购物
日常餐饮
公交出行
私车出行
短住
高档餐饮
公共休闲
其它
教育

办公文化商业复合型街区

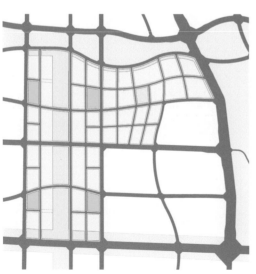

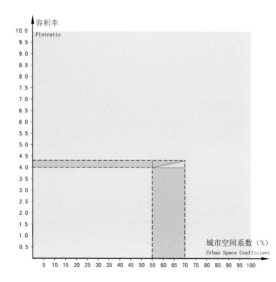

容积率
Plotratio

城市空间系数（%）
Urban Space Coefficient

工作
居住
文化艺术活动
购物
就餐
休闲
出行
社会事务

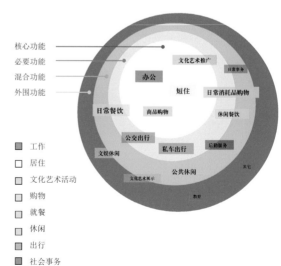

核心功能
必要功能
混合功能
外围功能

文化艺术推广
日常事务
办公
短住
日常消耗品购物
日常餐饮
商品购物
休闲餐饮
公交出行
私车出行
后勤服务
文娱休闲
公共休闲
文化艺术展示
其它
教育

260

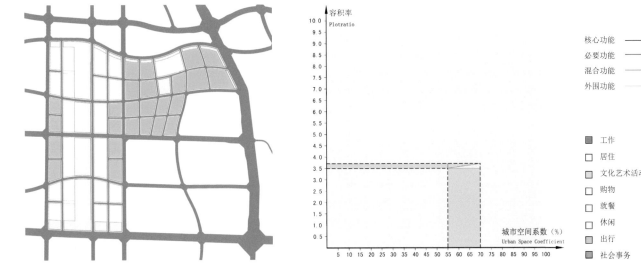

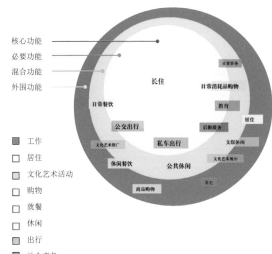

容积率
Plotratio

10.0
9.5
9.0
8.5
8.0
7.5
7.0
6.5
6.0
5.5
5.0
4.5
4.0
3.5
3.0
2.5
2.0
1.5
1.0
0.5

城市空间系数（%）
Urban Space Coefficient

5 10 15 20 25 30 35 40 45 50 55 60 65 70 75 80 85 90 95 100

工作
居住
文化艺术活动
购物
就餐
休闲
出行
社会事务

核心功能
必要功能
混合功能
外围功能

长住
日常事务
日常消耗品购物
日常餐饮
教育
短住
公交出行
居勤服务
文娱休闲
私车出行
文化艺术推广
文化艺术展示
休闲餐饮
公共休闲
其它
商品购物

东盟北斗科技城

2014

湖北省黄石市

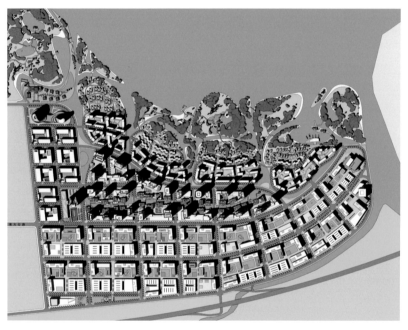

东盟北斗科技城位于湖北省黄石市黄石港工业园区兴港大道，计划建成为集北斗应用和服务产业体系、北斗产业孵化体系、科技体验和休闲观光体系、国际高端学术交流和技术外包服务体系等为一体的中国唯一国家级的北斗科技城。总用地规模约2800亩，总建设用地145.8公顷，地上总建筑面积251.1万平方米。

本项目遵循"动态规划理论"，融合黄石江北山水基底，构筑"水街——绿岛——绿楔"的生态框架模式，形成"策湖长江，青山碧水；绿楔水景渗城，三片园区通过景观相互融合"的空间结构。

"三片园区"主要分为产业园区、研发配套公建园区和居住生活园区三大功能区。北斗产业园以绿色廊道为界分成三期，南侧为产业研发用地，中间为共享科研配套用地，配套住宅主要集中在北侧靠近策湖一面。一系列标志性建筑，结合一期用地统一规划，例如酒店、北斗大厦等结合门户和节点空间设计，整体塑造了北斗产业园良好的城市空间品质。

总平面图

0　50　100

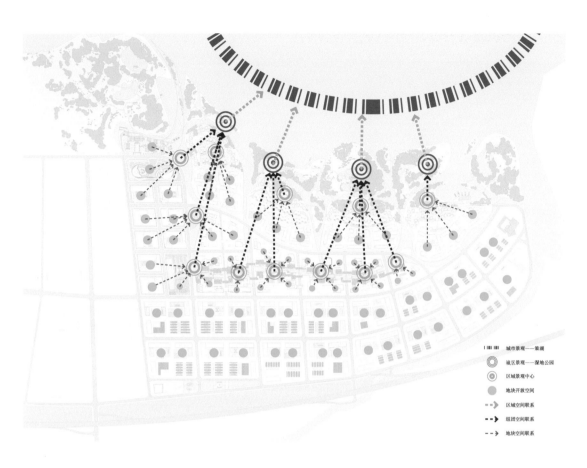

城市空间结构分析图

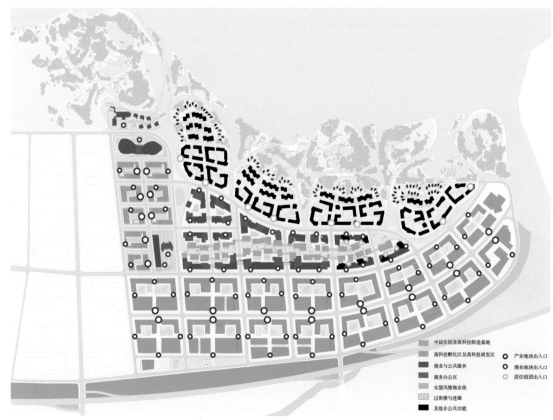

产业模式分布图

屋顶绿化
东盟风情街
商业步行流线
景观步行流线
商业景观节点
自然景观节点

景观绿化系统分析图

商务办公区建筑
东盟风情商业街
过街楼
连廊

空中步行系统分析图

北航新主楼

2003—2006
北京市海淀区
22.65 万平方米
教育建筑
P.182

2008 年度全国优秀工程勘察设计行业奖
建筑工程二等奖
北京市第十三届优秀工程设计二等奖
《建筑学报》 2007/2
《建筑创作》 2006/12
2009/12

北航唯实大厦

2004—2007
北京市海淀区
7.34 万平方米
商业服务建筑

2011 年度全国优秀工程勘察设计行业奖
建筑工程三等奖
北京市第十五届优秀工程设计二等奖
2010 年度"BIAD 设计"杯优秀工程设计
（公共建筑）二等奖

缅甸国际会议中心

2004—2007
缅甸
3 万平方米
会展建筑

北京市第十五届优秀工程设计二等奖

烟台世贸中心

2005—2010
山东省烟台市
15.76 万平方米
会展建筑
P.240

北京市第十四届优秀工程设计三等奖

信息产业部电信研究院 3G 模拟试验环境建设试验楼

2005—2008
北京市海淀区
2.65 万平方米
科研建筑
P.120

北京市第十五届优秀工程二等奖
2011 年度全国优秀工程勘察设计行业奖
建筑工程三等奖
《城市环境设计》 2010/12

红叶金街

2005
北京市海淀区
4.31 万平方米
商业服务建筑

北京同方投资大厦

2005
北京市海淀区
8.48 万平方米
办公建筑

唐山机场新区行政中心 详细城市规划设计

2005
河北省唐山市
26 万平方米
城市设计

唐山市检察院

2005-2010
河北省唐山市
2.95 万平方米
办公建筑

唐山市地税局

2005-2009
河北省唐山市
2.55 万平方米
办公建筑

北京市第十五届优秀工程设计 三等奖
2010 年度"BIAD 设计"杯优秀工程设计
（公共建筑）二等奖

欧陆广场

2005
北京市
4.41 万平方米
商业服务建筑

成寿寺四方景园 G2 公建

2005
北京市丰台区
5.90 万平方米
商业服务建筑

2005

2006

中石油冀东油田勘探开发
研究中心

2006-2011
河北省唐山市
5 万平方米
科研建筑
P.138

北京市第十七届优秀工程设计三等奖
2012 年度"BIAD 设计"杯优秀室内设计奖
《建筑创作》 2011/6

三亚市南边环河口地区
城市设计

2006
海南省 三亚市
140 万平方米
城市设计

海淀文化艺术中心

2006
北京市海淀区
5.90 万平方米
文化建筑

北京太阳宫燃气热电
冷联供工程厂前区

2006-2008
北京市朝阳区
3.04 万平方米
厂前区建筑

中关村环保科技园 J03 科技厂房

2006-2010
北京市海淀区
6.04 万平方米
科研建筑
P.96

2011 年度中国工业建筑优秀设计奖二等奖
2011 年度全国优秀工程勘察设计行业奖
建筑工程三等奖
北京市第十五届优秀工程设计二等奖
2010 年度"BIAD 设计"杯优秀工程设计
（公共建筑）二等奖

东城区重点街道、重点地区环境整治工程

2006
北京市东城区
6 万平方米
城市设计

海南信托大厦

2006
海南省海口市
11 万平方米
办公建筑

2006

2007

北京理工大学北院改造

2007
北京市海淀区
6.45 万平方米
居住建筑

中国船舶工业集团公司船舶系统工程部永丰基地

2007-2010
北京市海淀区
6.42 万平方米
办公科研建筑
P.44

2011 年度中国工业建筑优秀设计奖一等奖
2013 年度全国优秀工程勘察设计行业奖
建筑工程三等奖
北京市第十五届优秀工程设计一等奖
2010 年度"BIAD 设计"杯优秀工程设计
（公共建筑）一等奖

《建筑创作》   2011/7

京能（赤峰）煤矸石电厂厂前区

2007-2009
内蒙古自治区赤峰市
1.20 万平方米
厂前区建筑

上海世博会舟桥

2007
上海市世博园区
4.32 万平方米
会展建筑

联邦 21 世纪奥运健康城

2007
河北省石家庄市
58.30 万平方米
商业服务建筑

世纪龙城

2007
陕西省西安市
52.30 万平方米
居住建筑

长沙新河三角洲规划设计

2007
湖南省长沙市
500 万平方米
城市设计

朝阳大飞轮

2007
北京市朝阳区
1.31 万平方米
商业服务建筑

惠州巽寮湾南区项目
控规调整

2008
广东省惠州市
8.90 万平方米
城市设计

中国船舶重工集团公司
第 725 研究所总部

2008—2011
河南省洛阳市
11.57 万平方米
科研建筑

客运专线北京调度所

2008—2011
北京市海淀区
8.20 万平方米
办公建筑

中国科学院化学研究所
实验楼

2008
北京市海淀区
6.56 万平方米
科研建筑

交管局警体楼

2008—2010
北京市西城区
1.12 万平方米
办公建筑

秘鲁综合体

2008—2009
秘鲁利马市东部
86.76万平方米
商业服务建筑

天津海鸥工业园

2008—2010
天津市南开区
21.61万平方米
工业建筑
P.108

2011年度中国工业建筑优秀设计奖三等奖
北京市第十七届优秀工程设计三等奖
2012年度"BIAD设计"杯优秀工程设计
（公共建筑）二等奖

奥林匹克公园公共厕所、综合服务中心及治安岗亭

2008
北京市朝阳区
0.15万平方米
商业服务建筑

海淀区永丰基地Ⅱ-14地块概念规划

2008
北京市海淀区
20万平方米
城市设计

冀东油田唐海基地综合服务楼

2008—2009
河北省唐山市
1万平方米
办公建筑

2008

2009

北京低碳能源研究所及神华技术创新基地

2009—2014
北京市昌平区
32.54万平方米
科研建筑
P.12

2011年度"BIAD设计"杯优秀方案设计
二等奖
2012年度"BIAD设计"杯优秀工程设计
（公共建筑）一等奖

和平里车站住宅小区7号楼及配套商业

2009—2013
北京市朝阳区
6.69万平方米
居住建筑

全国组织干部学院

2009—2010
北京市朝阳区
3.67万平方米
教育建筑
P.194

北京市第十六届优秀工程设计三等奖
北京市第十六届优秀工程设计绿色建筑设计
创新单项奖
2011年度"BIAD设计"杯优秀工程设计
（公共建筑）一等奖
2011年度"BIAD设计"杯优秀绿色建筑奖
《建筑创作》　2010/3

煤直接液化项目倒班生活区改扩建规划

2009－2011
内蒙古自治区鄂尔多斯市
16.50 万平方米
厂前区建筑

宁夏水洞沟电厂一期厂前区工程设计

2009
宁夏回族自治区银川市
1.90 万平方米
厂前区建筑

国家食品药品监督管理局直属单位业务用房

2009
北京市西城区
7.14 万平方米
办公建筑

北京林业大学学研中心

2009
北京市海淀区
9.05 万平方米
教育建筑

北京工业大学逸夫图书馆改扩建

2009
北京市朝阳区
3.04 万平方米
教育建筑

国电新能源技术研究院

2009－2013
北京市昌平区
24.31 万平方米
科研建筑
P.30   2014 年中国建筑学会工业建筑设计一等奖

北京亚太大厦

2009－2010
北京市朝阳区
4.70 万平方米   北京市第十六届优秀工程设计二等奖
办公建筑   2011 年度"BIAD 设计"杯优秀工程设计
P.164   （公共建筑）二等奖

北京市公安局公安交通管理局东城支队新建交通指挥中心

2009
北京市东城区
1.12 万平方米
办公建筑

唐山市人民检察院多功能会议室加建工程

2009-2010
河北省唐山市
250 平方米
办公建筑

东方地球物理科技园区

2009
河北省保定市
13.80 万平方米
科研建筑

未来科技城南区核心区及重点节点城市设计

2010
北京市昌平区
186.5 ~ 233.9 万平方米
城市设计

北京民用飞机技术研究中心 101 号科研办公楼

2010-2014
北京市昌平区
3.37 万平方米
科研建筑
P.68

2013 年度"BIAD 设计"杯优秀工程设计
（公共建筑）二等奖

鞍钢未来钢铁研究院

2010
北京市昌平区
21.37 万平方米
科研建筑

未来科技城管委会

2010
北京市昌平区
11 万平方米
办公建筑

未来科技城北区公共服务配套区 Z15

2010
北京市昌平区
21.20 万平方米
商业服务建筑

人民出版社办公业务用房

2010
北京市东城区
6 万平方米
办公建筑

北京商务中心区（CBD）核心区城市设计

2010
北京市朝阳区
212.80 万平方米
城市设计

北京商务中心区（CBD）Z8 地块单体建筑设计

2010
北京市朝阳区
22.50 万平方米
办公建筑

2011 年度"BIAD 设计"杯优秀方案设计
三等奖

北京商务中心区（CBD）Z11 地块单体建筑设计

2010
北京市朝阳区
16.50 万平方米
办公建筑

北京商务中心区（CBD）Z12 地块单体建筑设计

2010
北京市朝阳区
24 万平方米
办公建筑

2011 年度"BIAD 设计"杯优秀方案设计
三等奖

北京商务中心区（CBD）Z13 地块单体建筑设计

2010
北京市朝阳区
14.55 万平方米
办公建筑

西长安街 10 号院

2010—2013
北京市西城区
4.20 万平方米
办公建筑

中国石油大学综合楼

2010
北京市昌平区
7.20 万平方米
教育建筑

北航航空科学技术国家实验室项目沙河校区

2010
北京市昌平区
14.67 万平方米
科研建筑

P.116

工信部审评中心综合楼

2010
北京市海淀区
2.7 万平方米
办公建筑

未来科技城 A21 商业
金融项目

2010
北京市昌平区
15.25 万平方米
商业服务建筑
P.178

石油化工研究院新园区
概念设计方案

2010
北京市昌平区
9.8 万平方米
科研建筑

中国医学科学院北区
概念设计方案

2010
北京市海淀区
15.30 万平方米
科研建筑

山西右玉 2×330MW 煤矸
石发电厂工程厂前区及生
活区设计

2010
山西省右玉县
3 万平方米
厂前区建筑

国家核电科研创新基地

2010
北京市昌平区
24.60 万平方米
科研建筑

2010

2011

国家美术馆概念性建筑
设计方案

2011
北京市朝阳区
12.86 万平方米
会展建筑
P.232

2011 年度"BIAD 设计"杯优秀方案设计
三等奖

中国资本市场学院

2011
广东省深圳市
9.69 万平方米
教育建筑
P.202

2011 年度"BIAD 设计"杯优秀方案设计
一等奖

成都东村文博艺术产业核心区城市设计

2011
四川省成都市
422.50 ～ 659.30 万平方米
城市设计

成都东村国际艺术城

2011
四川省成都市
148.00 ～ 163.60 万平方米
城市设计
P.252

中材集团地块（西直门内北顺城街 11 号院）控规调整概念设计方案

2011
北京市西城区
12.60 万平方米
科研建筑

北航南区科技楼

2011-2014
北京市海淀区
22.50 万平方米
科研建筑
P.84

北京理工大学良乡校区工业生态楼

2011-2014
北京市房山区
2.41 万平方米
教育建筑
P.218

山东省南水北调工程调度运行中心

2011
山东省济南市
9.48 万平方米
办公建筑

中海油能源技术开发研究院

2011-2014
北京市昌平区
20.80 万平方米
科研建筑
P.56

门头沟区石龙工业区 18 号公建

2011-
北京市门头沟区
6.10 万平方米
办公建筑

中关村国防科技园

2011—2015
北京市海淀区
23.80万平方米
科研建筑
P.126

"创新杯"建筑信息模型（BIM）设计大赛
最佳BIM工程协同奖三等奖

华能北京热电厂燃气热电
联产扩建工程厂前区

2011
北京市朝阳区
1.17万平方米
厂前区建筑

中材研发基地

2011
北京市朝阳区
23万平方米
办公建筑

中国建材未来科技城项目
规划设计方案

2011
北京市昌平区
18.10万平方米
科研建筑

乌兰察布美术馆概念性
设计方案

2011
内蒙古自治区乌兰察布市
1.67万平方米
文化建筑

新奥大厦

2011
北京市朝阳区
4.85万平方米
办公建筑

后勤指挥学院综合教研
办公楼

2011
北京市海淀区
3.90万平方米
办公建筑

中国商飞总部基地建筑
设计方案

2011
上海市世博园区
8.60万平方米
办公建筑

北京现代艺术馆

2012
北京市西城区
5.90 万平方米
文化建筑

北京电影学院通州校区
总体规划设计

2012
北京市通州区
33.95 万平方米
教育建筑

北京国际文化贸易企业
集聚中心

2012–2014
北京市顺义区
19.01 万平方米
办公建筑
P.154

曹妃甸新区港口物流大厦

2012
河北省唐山市
12.02 万平方米
办公建筑
P.104

神华集团黄骅港企业联合
办公楼

2012–
河北省沧州市
5.51 万平方米
办公建筑
P.146

华能厂区内主体建筑群
规划设计

2012
北京市朝阳区
9 万平方米
办公建筑

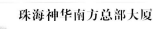

珠海神华南方总部大厦

2012
广东省珠海市
31.38 万平方米
办公建筑
P.170

海淀区复兴路 12 号
科研用房

2012–
北京市海淀区
6.86 万平方米
科研建筑

中国人民大学东南区综合楼和留学生宿舍

2012–
北京市海淀区
10.20 万平方米
教育建筑

车公庄大街 3 号地块控规调整概念设计方案

2012
北京市海淀区
6 万平方米
办公建筑

中船第七二五研究所厦门材料研究院科研区

2012–
福建省厦门市
10.50 万平方米
科研建筑

工业和信息化部电信研究院园区规划概念设计方案

2012
北京市西城区
6.27 万平方米
办公建筑

2012

2012

2013

北京邮政枢纽改扩建工程概念设计方案

2013
北京市东城区
42.14 万平方米
办公建筑

中关村航空科技园二期

2013
北京市海淀区
60.62 万平方米
科研建筑
P.74

2014 年度 "BIAD 设计" 杯优秀方案设计
三等奖

教育信息化大厦

2013
北京市西城区
11.60 万平方米
办公建筑

北京化工大学昌平新校区总体规划及一期建筑设计

2013
北京市昌平区
109.16 万平方米
教育建筑

京能涿州电厂厂前区

2013
河北省保定市
2.75 万平方米
厂前区建筑

鸿雁苑宾馆改扩建项目

2013–
北京市怀柔区
1.67 万平方米
商业服务建筑
P.224

北京航空航天大学图书馆
抗震加固及装修恢复

2013
北京市海淀区
3.11 万平方米
教育建筑

北京中学东坝校区设计方案

2013
北京市朝阳区
16.82 万平方米
教育建筑
P.212

军事科学院科研培训中心
立面设计方案

2013
北京市海淀区
2.80 万平方米
酒店建筑

信息通信技术（ICT）
科技创新大厦

2013
北京市海淀区
2.93 万平方米
办公建筑

厄瓜多尔某项目概念性
设计方案

2013
厄瓜多尔
18 万平方米
综合体建筑

中国中材天津科技园

2013
天津市北辰区
15 万平方米
办公建筑

叶依谦

1996 年毕业于天津大学建筑系，工学硕士学位。教授级高级建筑师，国家一级注册建筑师。中国建筑学会工业建筑分会常务理事。北京市建筑设计研究院有限公司（BIAD）副总建筑师，北京市建筑设计研究院 3A2 设计所（3A2 STUDIO）所长。

曾获得 2005 年中国建筑学会青年建筑师奖，第二届全球华人优秀青年建筑师奖（北航新主楼），2005 年中国建筑学会建筑创作奖金奖（孟中友好会议中心），2008 年度国家优秀勘察设计银奖（国际投资大厦），以及其他多个市优、部优奖项。

刘卫纲

1996 年毕业于北京工业大学建筑系，学士学位。高级建筑师，国家一级注册建筑师。北京市建筑设计研究院有限公司 3A2 设计所（3A2 STUDIO）副所长。

曾获得 2007 年中国建筑学会青年建筑师奖，2008 年度国家优秀勘察设计银奖（国际投资大厦），以及历年其他多个市优、部优奖项。

3A2 STUDIO 工作成员

陈向飞	韩抒航	刘骞	宋磊	徐瑾怡	于萌
陈震宇	何毅敏	刘恒志	孙昊天	徐骏欧	于洋
从振	华正鑫	刘卫纲	孙梦	徐港	岳一鸣
段伟	霍建军	刘智	汪丹丹	徐晓颖	张敏
范争	贾文夫	鲁晟	王迦	徐欣	张涛
高冉	姜吉佳	吕畅	王爽	薛军	张昕
高雁方	李衡	彭菲	王溪莎	闫佳	赵蓓
龚明杰	李燕	昝雪	王亚钊	杨曦	赵军
顾洁	林漓	申耀华	王艳文	叶崧	周云
郭佳	刘芳	是震辉	吴玫	叶依谦	朱兴智

* 包括从 2005 年至今在 3A2 STUDIO 共同奋斗过的同事，按姓名汉语拼音字母顺序排列。

3A2 STUDIO 合作团队

BIAD 1S1 设计所	BIAD 复杂结构研究院	BIAD 室内设计 1 室
BIAD 成都分公司	BIAD 工程投资咨询所	BIAD 室内设计 2 室
BIAD 第二建筑设计院	BIAD 机电设计所	BIAD 元景景观建筑规划工作室
BIAD 都市方兴设计所	BIAD 绿色建筑研究所	北京中加集成智能系统工程有限公司

特别致谢

邹德侬	布正伟	傅绍辉	吴宇江